JN273256

原発をやめる100の理由

エコ電力で起業した ドイツ・シェーナウ村と私たち

「原発をやめる100の理由」
日本版制作委員会

築地書館

©2009-2012
Elektrizitätswerke Schönau Vertriebs GmbH (Herausgeber)
Friedrichstraße 53/55, 79677 Schönau
info@ews-schoenau. de, www.ews-schoenau.de

シェーナウ電力会社（EWS）協同組合理事
ウルズラ・スラーデックさんからのメッセージ

　スリーマイル、チェルノブイリ、そして福島と、原子力産業は世界中で放射能に汚染された土地をつくり出し、その地に住む人びとの平穏な生活を奪い、さらには病気、苦痛、死をもたらしました。

　このような出来事に対して、世界中の人びとが立ち上がり、世界のいたるところから、この丸い地球を包みこむように脱原発への連帯ネットワークが繋がっていけばうれしいです。

　シェーナウは、ドイツの南西部に位置するバーデン＝ヴュルテンベルク州にある人口2500人あまりの小さなまち。そこで、チェルノブイリ原発事故後に立ち上がった住民たちによって設立されたのが、再生可能エネルギーによる電力供給会社、シェーナウ電力会社（EWS）です。

　私たちは、脱原発への啓蒙活動に役立ててほしいと「原子力に反対する100個の十分な理由」という冊子をつくりました。

　この活動を私たちは意義あるものと思っていますし、この冊子が、すでにたくさんの言語に翻訳され、世界中で受け入れられていることをうれしく思っています。

　このたび、「100の理由」日本語バージョン（http://100-gute-gruende.de/pdf/g100rs_jp.pdf）に加え、さらに日本の状況に合った説明を加えた本書もでき上がりました。本書の刊行によって、原子力のない未来へ向かって、さらに一歩進むことができたと思います。

　世界中でよりたくさんの人たちが、私たちとともにこの道を歩んでいくことを願っています。

　　　心からの願いをこめて。

ウルズラ・スラーデック

翻訳　及川斉志

はじめに
電力会社を立ち上げた
ドイツの小さなまちシェーナウと私たち

　静かに、しかし、確実な勢いで広がっている自主上映のドキュメンタリー映画「シェーナウの想い」をご存じですか？

　チェルノブイリの事故の後に原発の危険性に気づいた、ドイツ南西部の渓谷にあるシェーナウのまちの住民たちが、「電力の革命児」として知られるようになるまでの記録です。

　彼らは、どうやったら原発に決別して再生可能なエネルギーを選べるようになるのか、さまざまな試みを始めます。そして、やがて自分たちの電力会社を立ち上げ、ドイツ全土に電力を送るまでになっていくのです。

ドイツ版
「原子力に反対する100個の十分な理由」

　2011年の秋のことです。1通のメールが送られてきました。そこにはドイツのシェーナウ電力会社（EWS）がつくった冊子「原子力に反対する100個の十分な理由」を日本語訳したサイトが示されていて、「これを本にしたい」とありました。

　そのサイトは、福島の原発事故で苦しむ日本のために、

シェーナウ電力会社がドイツ国内の日本人グループに日本語訳を依頼して、インターネットで公表したものでした。それを発見した友人が、知り合い数人に出版に協力してほしいとメールで呼びかけたというわけです。

　集まったメンバーは、ほとんど初対面同士、暮らす地域も職業もまちまちです。また、原発に関する専門家は一人もいませんでした。全員に共通していたのは、原発はいやだと思っていること、福島の事故の後、「原発を止めるために何か有効な手段はないのだろうか」と悶々としていたことです。

　『原子力に反対する100個の十分な理由』は、原発の問題を、ウラン採掘をはじめ、通常の稼働中でも放射性物質を放出していること、10万年以上も影響が残る使用済み核燃料の処理問題まで取り上げています。また、原発以上に大きな再処理工場の危険性や、原発の本当のコスト、被ばく労働などにもふれています。

　1冊で原発の問題点が網羅されているのが、何より魅力でした。

　でも、もともとドイツでつくられたものなので、語られているのはドイツの事例です。日本で本をつくるなら日本の事情がもっとわかるようにしたいと思いました。そこで考えたのは、ドイツの事情（本文の「ドイツから」の部分）に対応させて、日本の状況を「日本では」と解説していくスタイルでした。

　けれども問題は山積み。

　専門用語を理解すること、原子力にかかわる法律、日本の実態の調査・資料探し、次々と難問が目の前に現われました。本当に本ができるのだろうかと頭を抱えていたときに、資料探しや科学的記述のチェックなどをしてくれる強力な仲間が次々と加わり、そのうえ、原子力資料情報室の西尾漠さんはこころよく監修を引き受けてくださったのです。

　そんなさなかにメンバーの一人がYou Tube（ユーチューブ）で見つけたのが、冒頭でふれたドキュメンタリー映画「シェーナウの想い」でした。

　まず、最初に映し出されるのは、のどかな渓谷の景色、伝統的な美しい町並みです。続いて、チェルノブイリの事故直後の当惑を、シェーナウの女性たちが語ります。

風に乗って、否応なく、我々のところやって来るのだ、と。

「子どもの未来は政治家や電力会社にゆだねられない」

「この事故に私たちは震撼させられました。この大惨事がどういう意味を持つのかわかるにつれて、とっても怖くなってきました。正直いうと、それまで真剣に原発について考えたことなんてなかったのです。でも、2000キロも離れた私たちのところにも、実際に悪い影響が出るような量の放射性物質が、飛んできて、はっと目が覚めました」

「もう庭の野菜をとってサラダにしたり、子どもと外で遊べないなんて信じられませんでした」

　この冒頭の言葉を聞いて、「これはまさに福島の事故の影響を恐れる私たちとまったく同じだ」と思いました。

　しかし、事故の直後から、シェーナウの人びとは悩んでばかりではありませんでした。シェーナウでは原発事故を心配した親たちが集まって、「原発のない未来のための親の会」を結成し、被ばくを軽減するための情報を発信したり、節電コンクールというような、楽しみながら参加できる催しを始めます。

チェルノブイリの子どもたちのためにキエフの病院を支援し、子どもたちをシェーナウに呼んで、自然のなかで遊んでもらうような取り組みも行ないます。

　この住民グループにとって、チェルノブイリは他人事ではありませんでした。なぜなら、シェーナウはフランスにあるフェッセンハイム原発から、25〜35キロ圏内にあるからです。

　そして、チェルノブイリの悲劇を繰り返してはいけない、どうしたら原発の電気を使わないですむのか、再生可能エネルギーの電力を使う方法はないのかと、思案を始めます。

　住民グループは、電力供給会社に環境にやさしい電力の供給を求めて、脱原発、エコ電力の買い取り価格の引き上げ、節電を促す電気料金プランという、3つの要求をしました。

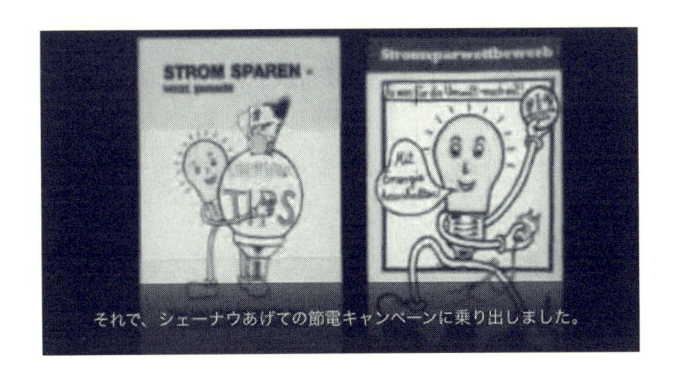

それで、シェーナウあげての節電キャンペーンに乗り出しました。

「そのためには、まったく新しい料金体系が必要でした。そこで『基本料金を安くしてください。その分、電力使用料金を少し高くすればいいんです』と電力会社のKWRにお願いしました。しかし、冷たくあしらわれてしまいました」

　それも当然です。電力会社は万国共通、どんどん電気を使わせて、自分たちの利益を増やしたいのですから。しかも、シェーナウに電力を供給している電力会社で、原発にも関係しているラインフェルデン電力会社（KWR）は、住民グループの要望を袖にしただけでなく、とんでもない提案をしてきました。4年後に切れるシェーナウとの契約を20年契約にするなら、まちに約500万円寄付すると

> それから数週間のうちに、ミヒャエルたち住民グループは100,000マルクを必死でかき集めた。

いうのです。

　住民グループはあわてました。独占状態を20年も長引かせては、自分たちが望む再生可能なエネルギーを手に入れることが困難になってしまいます。

　そこで住民グループは、数週間で500万円ものお金をかき集めて、まちに寄付しました。その場はどうにか、KWRの狙いを阻止できたわけです。

　ところが、まちの議会はKWRとの契約を結ぶことを早々に可決してしまいます。対する住民グループは、それに異議を唱え、住民投票でそれを撤回させようとします。住民投票で勝利するために、彼らは街角でコンサートを行ない、Tシャツをつくり、投票で住民側が勝利するための「Ja（イエス）」をアピールしました。

　小さなまちは、賛成派と反対派に二分されます。きっと、のどかなシェーナウがそれまでに経験したことのないような、深刻な事態だったことでしょう。

　もちろん、KWR側のキャンペーンもありましたが、住民グループは5割以上の票を得て勝利します。

　次に彼らがとった選択は、4年後の契約見直しの前に自分たちの電力会社を立ち上げてしまおうということでした。

　その過程では、電力供給者としての認可を得ることや、送電網の買い取り、そのための資金集めや賛同者集めのキャンペーンなど、さまざまな課題が持ち上がります。再生可能エネルギーの知識を普及するために、全国行脚の講演会も行ないます。むろん、電力会社や専門家たちとの熾烈な駆け引きが続きます。

　脱原発を掲げる住民たちが繰り出すユニークな方法も見どころです。

　私たち本書の制作メンバーは、このドキュメンタリーにおおいに力をもらいま

した。

　シェーナウの人びとにそれまで以上に親しみを感じ、ドイツ語版「原子力に反対する100個の十分な理由」の裏にあるドラマにぐいぐいと引きつけられる思いでした。

　また、ドイツで電力自由化が達成できたのは、成熟したドイツの国民性があったからこそと思っていたのですが、ドイツにも日本同様の「原子力ムラ」の構造があることを知りました。それに対して市民が抵抗する難しさも同じであることがわかりました。

　それでも粘り強くしなやかな行動によって、原発のない世界は市民の手でつくることができるのだということを、シェーナウの人びとは教えてくれたのです。

　福島第一原発の事故が起こるまで、「絶対に安全」という「安全神話」のもと、原発の多くのリスクが隠されてきました。事故以前に伝わってきたことといえば、いかに安全でクリーンでコストが安いか、人びとの暮らしを豊かで便利にしてくれるか、ということばかりでした。それが、福島の事故で一変し、多くのリスクが明らかになってきたのです。

　一度考えられるすべてのリスクを整理し、そのうえで、これからどういう選択をしていくのかを考えていかなくてはならないのだと思います。

　本書は、その参考にしていただくために、原発のリスクについて、丹念に資料にあたり、調べ、執筆したものです。

　どうか本書がきっかけとなり、未来に大きな負の遺産を残す原発ではなく、再生可能な自然エネルギーからつくられた電気を使えるような社会がやってきますように——日本にも、シェーナウのような志の高い電力会社がたくさん生まれますように。

　　　　　　　　　　　　　　「原発をやめる100の理由」日本版制作委員会

　　　　　＊ドキュメンタリー映画「シェーナウの想い」からの引用部分（太字）は、
　　　　　　日本語字幕（翻訳：及川斉志）を再構成したものです。

目次

ウルズラ・スラーデックさん（シェーナウ電力会社〈EWS〉協同組合理事）からのメッセージ　1
はじめに──電力会社を立ち上げたドイツの小さなまちシェーナウと私たち　2

原発をやめる100の理由

第1章　燃料とウラン採掘

1　原発の原料ウランは輸入と多国籍企業頼み　15
2　ウラン産出は周辺住民の生活を破壊する　16
3　水を大量に消費するウラン鉱山　17
4　放置される鉱山の放射性汚泥　18
5　がんをひき起こし、格差を生み出すウラン鉱山　20
6　効率が悪いうえに、死の大地を生み出すウラン採掘　21
7　汚染処理にかかる莫大な経費　22
8　需要より少ないウラン供給　ウランも「限りある資源」　23
9　もうすぐ終わりがくるウラン埋蔵量　24
10　大惨事を招きかねないウランの輸送　25
11　核兵器にもなるプルトニウムすら一般道路を通る　27

第2章　安全基準と健康被害

12　原発周辺の子どもにがんが多発している　30
13　平時も放射性物質を放出し続ける原発　31
14　安全基準値設定の目安は健康な成人男性　33
15　被ばく線量が低いからといって安心できない　34
16　見逃せないトリチウムの危険性　36
17　原発の温排水が魚の酸素を奪う　37
18　多くの非正規労働者を危険にさらしている　38

19　距離をおきたい原発　40

第3章　事故と大災害のリスク
　　20　安全基準以下の既存原発　合格水準の新設は無理　42
　　21　老朽化が招く高いリスク　43
　　22　報告義務のある事故・故障　45
　　23　在庫切れの部品とヒューマンエラー　46
　　24　30年前のテクノロジーとは石器時代の産物　48
　　25　地震によるリスク　お粗末な地震対策　49
　　26　原発に飛行機墜落　それは想定外で大丈夫？　51
　　27　すでに崩壊しかかっている新型原子炉　53
　　28　大事故で出る保険金は損害額のわずか0.1パーセント　54
　　29　最悪の事故はいつ起きてもおかしくない　56
　　30　安全性ランキング　危険性ランキング　57
　　31　雷、豪雨、噴火……自然災害に弱い原発　58
　　32　爆発が起きても利益を優先　安全は二の次　60
　　33　人的ミスは避けられず、それでいて人頼みの原発　61
　　34　電力会社の規則違反は日常茶飯事　62
　　35　些細な電気系統のミスが深刻な事態を招く　66
　　36　ドイツでの大事故はチェルノブイリよりも深刻　68
　　37　大事故が起これば数百万人に健康被害がおよぶ　69
　　38　破局的な大事故による暮らしの喪失　故郷の消滅　70
　　39　緊急事態において数時間で住民が避難するのは不可能　71
　　40　ヨウ素剤は事前配布されなければならない　73
　　41　大事故は国民経済を崩壊させる　74

第4章　放射性廃棄物と処分
　　42　増える一方の膨大な放射性廃棄物　76
　　43　放射性廃棄物は無害化されたことはない　77

44　放射性廃棄物の最終処分は場所も技術も未解決　79

45　放射性廃棄物は100万年先まで危険　81

46　放射性廃棄物を埋めるのに適した土地はどこにもない　82

47　地球上で見つけられる？　最終処分場の適地　84

48　放射性廃棄物の近くに住みたい人など一人もいない　85

49　信頼性に欠ける放射性廃棄物容器の安全検査　86

50　ごみも危険も増大させる再処理工場はなぜ必要？　88

51　再処理工場は放射性物質の大量拡散装置　90

52　再処理工場に貯められていく放射性廃棄物　91

53　旧東ドイツの処分場が象徴するもの　95

54　高レベル廃棄物の処分地は地質より都合で選ばれる　97

55　中間貯蔵施設の危険性　99

56　放射線を遮断できない核燃料容器キャスク　100

57　中間貯蔵容器の寿命　実証はこれから　101

58　専門家の口を封じて安全性審査　決め手はお金と政治　102

59　最終処分場は不安定な地層でもおかまいなし？　104

60　放射線それ自体も最終処分場を破壊する要因だ　106

61　安全性の乏しい地層にどれだけ埋め捨てるのか　108

62　日用品に化ける放射性廃棄物　109

63　弱いところに押しつけられる放射性廃棄物　110

64　放射性廃棄物の処分法は幻想の世界に到達？　111

65　夢物語の技術　放射性物質の分離・変換　112

第5章　地球温暖化と電力供給

66　原子力発電の電力は安定供給にはほど遠い　114

67　原発が止まっても生活に支障はない　116

68　原発は地球温暖化阻止に効果なし　118

69　原発こそが再生可能エネルギーの障害だ　120

70　原子力発電は非効率　エネルギー浪費の典型　121

71　エネルギー浪費へと消費者を誘う原発業界　122

第6章　権力と利権

　72　国が税金を使って原発を全面支援　124
　73　原発事業の優遇税制　127
　74　核廃棄物処理も廃炉費用も非課税の恩恵　128
　75　巨額の開発・研究費用を吸い上げる原子力発電　129
　76　運転年数が延びるほど儲かる原発企業　131
　77　市場の支配者が決める電気料金　133
　78　商業ベースでは成り立たない新規原発　135
　79　巨大寡占企業と電力供給の強権構造を支える原発　137

第7章　自由と民主主義

　80　幸福と平和を望む人びとの権利を脅かす原発　141
　81　私たちの生存権を脅かす原発　143
　82　脱原発運動を封じこめる政府　145
　83　何十年にもわたって社会を分断する原発　147
　84　原子力ムラはどこの国にも存在する　149
　85　原発がなければ電気が止まるというつくり話　151
　86　原発の賛否　誘導される世論調査　153
　87　原発を使うことは倫理に反している　154

第8章　戦争と平和

　88　平和利用と軍事利用　区別できない原子力　156
　89　技術、経済性、安全性……破綻している高速増殖炉　157
　90　テロにつながる内部脅威　万全な管理は可能？　161
　91　攻撃の標的にもなりうる原発　162
　92　燃料の製造過程で生まれる劣化ウラン弾　163
　93　限りある資源、ウランをめぐる紛争　165

第9章 エネルギー革命と未来

- 94 再生可能エネルギーによる電力100パーセント供給は達成可能　168
- 95 共存できない再生可能エネルギーと原発　170
- 96 新技術開発や投資を滞らせる原発　172
- 97 エネルギー源としてとくに優秀でない原子力　174
- 98 世界的に見て原発は消えつつある　176
- 99 雇用創出のじゃまとなる脱原発の先延ばし　178
- 100 エネルギー革命の障壁となる原発　180
- 101 あなたはどう思いますか？　182

巻末付録——**原発のない社会に向けて**

小出裕章さんインタビュー
それぞれの場所で、それぞれの個性を生かして、原発を必要としない世界をつくる　184

原発の真実をもっと知りたい人のために　西尾 漠さんお薦めの原発本　192

シェーナウ電力会社（EWS）をもう少し知るために　194

日本版制作委員会メンバーから～［おわりに］にかえて　195

- COLUMN 「燃料不足を救う」とは——まやかしの核燃料サイクル　28
- COLUMN 企業ぐるみのデータ改ざん　事故隠し　64
- COLUMN 原発も危険　だが桁ちがいに危険な再処理工場　92
- COLUMN 原発立地自治体は本当にうるおっているの？　126
- COLUMN 電力会社に顧客として意思表示する方法　139

原発をやめる100の理由

第1章
燃料とウラン採掘

まずは原発の燃料となるウランについて見てみましょう。
ウランはどこで、どうやってつくられるのでしょうか。
それを調べていくと、「私たちは何も知らなかったんだ!?」と驚くことばかりでした。

第1章　燃料とウラン採掘

1　原発の原料ウランは輸入と多国籍企業頼み

ドイツから PAR AVION

> ヨーロッパでウラン採掘ができるのは、現在ではチェコとルーマニアだけ。その量も限られている。ドイツでは1991年、フランスでは2001年に、ウランの国内生産を事実上ストップした。
> 今では、原子力発電の原料は、すべて輸入に頼る「外国産」だ。自給できるものではなく、しかも、世界のウラン産出の3分の2は、4つの巨大多国籍企業グループの会社が握っている。エネルギー供給は、彼らの方針に大きく左右されることになるのだ。

日本では………？

　原発の危険性といえば、私たちはつい発電所のことばかり考えがちです。でも原発は、その原料というスタートのところから、供給地や残存量が限られているなど問題を抱えています。

　日本の原発で使われるウランは、オーストラリア、カナダ、ナミビア、カザフスタンなどから輸入されています。産地はどのような所なのでしょう。ウランは放射線を発する物質ですから採掘地で害はないのでしょうか。鉱山の労働環境はどのようなものなのでしょう。また、採掘で生計を立てる人びとは、どんな暮らしをしているのでしょう。原発の原点である産地に思いをめぐらすことも、必要なのではないでしょうか。

　また、地球全体に影響を及ぼすウランという物質の供給を、ごく一部の企業が独占している状況は、じつはとても恐ろしいことなのだと気づかされました。価格のつり上げや供給先の選別などの可能性もあるからです。石油が紛争を招くのと同様な懸念が、ウランにもつきまとうというわけです。

　海外の資源に頼らずにすむようにエネルギーの自給率を高めないと、本当の意味で独立した国とはいえないのかも……そんなことも考えます。

2 ウラン産出は周辺住民の生活を破壊する

ドイツから PAR AVION

世界のウラン資源の7割は、人びとが生活しているエリアにある。そこでウラン採掘をするためには、住民を移住させなければならない。利益を生むウランのために牧草地や田畑が奪われ、水源が汚染され、農村が破壊される。住民たちは、生活基盤をそっくり断たれてしまう。

ニジェールでは2008年、北部に暮らす砂漠の民・トゥアレグの人権をすべて無視して、政府が外国の投資企業にウラン採掘の許可を与えた。

また、インドのチャティコチャ村では1996年、企業がウランの採掘場を拡大するために、家屋や田畑をブルドーザーで破壊したこともあった。この時、住民は事前に知らされることもなく、警察にガードされた企業に対してなすすべもなかった。

世界中の多くのウラン鉱山で、こうしたことが行なわれているのだ。被害にあった人はすでに何万人にも達する。

日本では…………？

ウラン採掘のために土地を奪われた人びとは、その土地の先住民が少なくないようです。南オーストラリア州にあるオリンピック・ダム鉱山も、もともと先住民アボリジニの土地でした。代々この土地に暮らしてきた彼らは、1950年代にはイギリスの核実験の犠牲になり、その後は銅やウランの鉱山開発のために移住を余儀なくされました。現在、拡大プロジェクトも進行中で、世界有数の露天掘り鉱山になる予定です。

事故を起こした福島第一原発でも、この鉱山で採掘されたウランが使われていました。2012年1月に横浜で開催された「脱原発世界会議」には、先住民を含むオーストラリアの市民運動家たちも参加しました。彼らは、「私たちがウラン採掘を止められなかったために、福島で不幸な事故が起きた」と謝罪しました。私たちは、この真摯な言葉をどう受け止めればよいのでしょう。

第 1 章　燃料とウラン採掘

3 水を大量に消費するウラン鉱山

ドイツから　PAR AVION

　鉱山からウランを採掘し精製する過程では、多くの水が必要とされる。ところがウラン採掘地は、砂漠地帯など水不足の地域にあることが多い。
　ナミビアの水公社ナムウォーターが試算したところ、現在計画中のウラン鉱山がすべて稼働するようになると、年間5400万トンもの水が不足することになるという。それは地域で取水できる総量の、じつに11倍である。
　鉱山と製錬工場が甚大な水を使うとなると、住民の生活用水をはじめ、牧畜も農業も、ウラン鉱山と水を奪い合うことになる。

日本では……？

　2で紹介したオーストラリアのオリンピック・ダム鉱山でも、深刻な水不足の状況があります。同鉱山は世界最大級のウラン鉱山として知られ、2009年には約4000トンものウラン（イエローケーキ[*1]）を生産しています。鉱山が消費する水の量は1日あたり15万〜20万トンを超え、地域の住民は水の利用を制限されています。
　ウランの製錬は、ウラン鉱石を硫酸などに溶かしこんで不純物を化学的に分離するときに、大量の水を必要とします。また、採掘中に舞い上がる塵を抑えるため、大量に水を散水。さらに作業後の除染などにも大量の水が消費されます。
　水の大量消費とともに、汚染水の行き場も気がかりです。鉱山の廃水には、放射性物質のほか、亜硫酸[*2]なども含まれます。濃度の高い汚染水は貯蔵されます。でも低濃度の廃水は、いったん貯められた後、放流されます。廃水の流れつく下流域の人びとには多くの健康被害が出ていますが、ウラン鉱山との因果関係の解明は手つかずです。
　一方、世界の水資源の7割は農業用水として使用されているといわれていますが、人口増加や発展途上国の需要増大によって、今後は水の争奪戦が繰り広げられるという予測もあります。

[*1]　不純物を取り除き、ウラン酸化物の1トンあたりの含有量を75〜90パーセントまで高めたフレーク状のウラン
[*2]　酸性雨の主因とされ、日本では四日市喘息などをひき起こした環境汚染物質

4 放置される鉱山の放射性汚泥

ドイツから PAR AVION

　ウランの採掘によって発生する汚染された汚泥は、人にとっても環境にとっても危険だ。

　たとえば、ウラン含有量が0.2パーセントの鉱石が1トン、つまり1000キログラムあった場合、そこから採取されるウランはわずか2キロだけ。残りはすべて選鉱クズ（尾鉱、テーリングなどとも呼ばれる）として、窪地や汚泥調整池（人造湖）に入れられる。この選鉱クズには、ヒ素などさまざまな強毒性物質が含まれているうえ、ウラン鉱石の放射能がまだ85パーセントも残留しているのだ。放射性物質は数千年以上も大気や地下水を汚染し続け、もし堤防の決壊や地滑りが起きれば、間違いなく破局的な惨事を招く。

　米国ユタ州のアトラス鉱山にある汚泥調整池からは、すでに数十年にわたって、毒性物質と放射性物質が地下水からコロラド川へと流入している。この川の水を、1800万人が飲料水に利用しているのだ。

　カザフスタンでは、干上がった汚泥調整池の選鉱クズから飛散する放射性物質が、人口15万人のアクタウ市を脅かす。また、キルギスの狭い谷底にはウラン残土＊の処分場が無数にあり、「国際的な大災害を起こすおそれがある」と国連が懸念を表明している。

日本では……？

　ウラン鉱山は、大量の放射性物質を排出します。製錬の段階ではウランを硫酸などで溶かすため、ヘドロ状の汚泥も出ます。また、閉山後の残土についても危険性が指摘されています。

　選鉱クズには、半減期7万5000年のトリウム230などが含まれています。安全を期して70万年以上、外界から隔離する必要があるのに、実際には堤防のようなもので囲んでいるだけというケースもあります。大雨が降ると決壊して、上記のような大量の毒性物質が流出するでしょう。ラドン222などはもともと気体の放射性物質なので、風で拡散してしまいます。

＊　ウランの採掘後に残る、ラジウムやラドンなどの放射性物質を含んだ鉱石まじりの土。ウラン含有率は選鉱クズより低い

第1章　燃料とウラン採掘

　じつはこのような恐ろしい環境破壊の事例は、日本国内にもあります。
　1950年代から、岡山県と鳥取県にまたがる人形峠あたりでウラン採掘が行なわれました。そこでは約1000人の労働者が被ばくしたといわれていますが、汚染残土による被害も時を経て顕在化しました。採算が合わずに10年ほどしか稼働しなかった鉱山では、45万立方メートルもの残土から、自然界のレベルを超えた放射線が検出されたのです。
　1988年、鳥取県の方面集落の住民が訴訟を起こします。訴えられた動力炉・核燃料開発事業団（動燃、現・日本原子力研究開発機構）は、2002年に鳥取地裁で、2004年には広島高裁で放射能レベルの高い3000立方メートルの残土の撤去命令を受けましたが、不服を申し立てて上告。しかし、同年、最高裁でも「撤去は当然」との判決を受けてようやく撤去されました。残土は一部をアメリカに送り、残りはレンガに加工されました。

19

5 がんをひき起こし格差を生み出すウラン鉱山

ドイツから PAR AVION

　ウランの採掘や製錬工程と、その廃棄物から出る放射性・毒性物質は、作業員と周辺住民の健康をそこない、がんの発症率を上昇させる。

　旧東ドイツのヴィスムート・ウラン鉱山では、約1万人の元作業員が被ばくによる肺がんを発症した。キルギスではウラン鉱山のある町マイルースー市の住民が、他地域に比べてがん患者の発生が2倍になっている。米国ニューメキシコ州のウラン鉱山で、1955年から1990年までの期間に働いた労働者を調査した結果、がん発症率と死亡率が高いことが立証された。鉱山周辺に住む先住民ナバホの人びとが深刻な健康被害を受けていることも証明されている。同じような例はポルトガルやニジェールなど、数多くのウラン鉱山で明らかになっている。

日本では……？

　ウラン鉱山では、鉱石を掘り出す時点から製錬まで、膨大な汚染をひき起こします。国連科学委員会が示したデータによると、人類の被ばくの4分の1は鉱山で起きています。

　京都大学原子炉実験所助教の小出裕章さんは、鉱山での被ばくは「半減期45億年のウランから生じるため、長期間の被曝を考えれば、人類にとって最大の被曝源になる」(『原発のない世界へ』筑摩書房) と警告しています。

　問題は被ばくだけではありません。ウラン鉱山があるエリアは、先住民が暮らしてきた場所が多いと先述しました。鉱山開発で立ち退かされた先住民は、その国で差別の対象であり、最底辺の生活を余儀なくされる人びとである場合も多く、鉱山開発によって家や土地を奪われることで、さらに厳しい状況に追いつめられます。

　街に出て慣れない仕事につくか、あるいは家もなくさまようか。鉱山で職を得たとしても、被ばくして身体が蝕まれたとき、彼らが満足な医療を受けられるかは疑問です。鉱山開発は、彼らの暮らしを崩壊させます。

6 効率が悪いうえに死の大地を生み出すウラン採掘

ドイツから

ウラン鉱石に含まれるウラン成分は、一般に0.1〜1パーセントにすぎず、なかには0.01パーセントという低率のものまである。つまり1トンの使えるウランを得るためには、100〜1万トンの鉱石を採掘し、製錬しなければならないのだ。

きわめて効率が悪いうえに、ウランを抽出した後の汚染された選鉱クズは、数十万年もの間、安全に保管しなければならない。

さらに、ウランの含有量が少なすぎてそのまま廃棄処分される鉱石が、製錬される鉱石の何倍もあり、それもまた放射線を発する。

1972年、アメリカのニクソン大統領は、ウラン鉱山の跡地一帯で超長期間、環境汚染が続くことから、それらの土地を「国家の犠牲地域」に指定した。

日本では……？

ダイヤモンドは掘り出した多くの鉱物のなかから小さなダイヤモンドを探りあてるわけですが、ウランも同様です。

ダイヤモンドと異なるのは、ウランは採掘のたびに、多くの放射性物質や毒性物質をまき散らすということです。効率が悪いだけでなく、重大な健康被害をまき散らすのです。まともに汚染除去をすれば、とんでもなく割に合わないものなのかもしれません。

割に合わないといえば、100万キロワット級の原発で1年間に使用される燃料を生産するためには、ウラン鉱山や製錬所から9000トンもの二酸化炭素が排出されます（電力中央研究所調べ）。この数字には、ウラン濃縮や輸送、使用済み核燃料の処理などで出る二酸化炭素の量は加算されていません。「原発が環境にやさしい」といわれていることを訂正しなければなりません。

7 汚染処理にかかる莫大な経費

ドイツから PAR AVION

　ウラン鉱山一帯を除染するには数十億ユーロかかる。湖沼や鉱山跡地一帯が放射性物質で埋めつくされているのだから、除染が可能なのかすら、わからない。大気も水資源も数万年にわたって汚染され、生物は命を脅かされ続ける。環境への負担ははかりしれない。

　鉱山を経営する巨大企業はウランの生産で巨利を得るが、汚染を避けるための安全対策や、汚染地域の復旧などのコストを負担させられるのは、もっぱら私たち一般市民だ。

　アメリカでは、あるウラン鉱山の汚泥処理場1か所の汚染処理を行なうためだけで、10億ドルもの税金を投入しなければならない。ドイツは旧東ドイツのウラン鉱山の跡地処理に関して、コスト削減のために旧東ドイツのゆるい放射線防護基準を適用した。にもかかわらず、65億ユーロもかかっているのだ。

　現在、ウランが採掘されている国の多く（オーストラリア、カナダ、ナミビア、カザフスタンなど）は、そもそも、そうした莫大な処理費を捻出できる財政状態ではない。

日本では…………？

　資源の少ない日本では、原発は非常に優れたエネルギーとして推奨されてきました。コストも安いとされてきたのです。ところが、ウラン鉱山の跡地を整備して、放射性物質やその他の毒性物質からの脅威に対処するためには、膨大な費用がかかります。跡地を整備した後も、環境への影響について長期間にわたって調査して、見守らなければなりません。また、本来なら、鉱山となった土地にもともと暮らしてきた住民にも、しかるべき補償をするべきです。

　日本では今、原発のコストが問われていますが、その換算に鉱山跡地の整備などを加えたら、はたして、原発はコストに見合うものといえるのでしょうか。税金や電気料金によって、最終的に我が身にかかってくる負担を考えれば、もっともっと気にしなくてはならない問題です。

第1章　燃料とウラン採掘

8 需要より少ないウラン供給
ウランも「限りある資源」

ドイツから　PAR AVION

　ウランの生産量は1985年以降、原発の運転に必要な量に追いつかず、慢性的に供給が不足している。たとえば2006年は、世界全体の年間ウラン生産量が、需要の3分の2に満たなかった。原発事業者はこの不足分を、民間と軍事目的の両方の備蓄から調達して間に合わせてきた。だがそれも今や、底をつきかけている。

　現在稼働中の原発だけに限っても、ウランを安定供給するには、数年のうちに生産量を50パーセント以上、上げなければならない。そのためには新たなウラン鉱山を一挙に増やす必要があるが、それはまた新たに、人びとの健康と環境をそこなうことにほかならない。

日本では……？

　よく「石油は限りある資源」などといわれますが、ウランも同様に有限なものなのです。当然といえば当然のことなのに、私たちはそれに気づきませんでした。というより、わかっていながらも、目をつぶっていたということでしょう。

　「ウラン埋蔵量はまだ大丈夫」というデータもありますが、それは、ウラン含有量の少ない低ランクの鉱石を勘定に入れた場合ということです。

　低ランクの鉱石から同じ量のウランを得るには、これまでより多くの手間を必要とするので、原子力発電は今よりコストが高くなってしまいます。

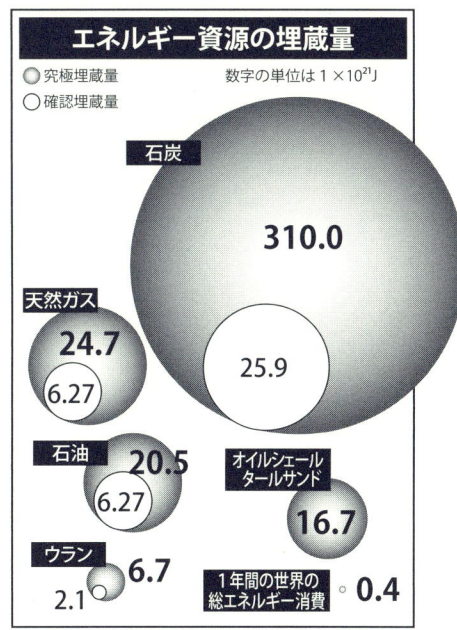

エネルギー資源の埋蔵量

○ 究極埋蔵量
○ 確認埋蔵量

数字の単位は $1×10^{21}$ J

石炭　310.0　25.9
天然ガス　24.7　6.27
石油　20.5　6.27
ウラン　2.1　6.7
オイルシェール・タールサンド　16.7
1年間の世界の総エネルギー消費　0.4

究極埋蔵量とは、地球に存在するとされる埋蔵量。確認埋蔵量とは、現在の技術で掘って使える埋蔵量。

※小出裕章著『子どもたちに伝えたい　原発が許されない理由』（東邦出版）より

9 もうすぐ終わりがくる ウラン埋蔵量

ドイツから PAR AVION

　採掘しやすくてグレードの高いウランの埋蔵量は、まもなく世界中で枯渇するだろう。生産量を維持するためには、ウラン含有率の低い鉱脈をどんどん掘り返さなければならなくなる。その結果コストが高くなっていき、同時に環境汚染がさらに深刻になる。
　すでに確認されている鉱脈をすべて開発したとしても、今、世界中にある原発約440基の需要を満たせるのは、せいぜい45〜80年だ。今後、原発の数がさらに増えたら、ウラン資源の寿命はあっという間につきてしまうだろう。

日本では...........?

　日本は第二次世界大戦後、右肩上がりの成長をとげました。それに冷水を浴びせたのが1970年代のオイルショックです。そこから日本人が学んだのは、「限りある資源に頼る不安」「高コストの回避」でした。当時の大人たちは、それを身にしみて実感したはずです。

　それで原発が推進されたという側面もあります。原発の危険性を指摘する声はもちろんありました。なんといっても日本は被ばく国ですし、1950年代にはアメリカの水爆実験にマグロ漁船が巻きこまれるという第五福竜丸の事件もありました。魚の汚染など、食卓を直撃する問題として切実な恐怖でもありました。

　ところが1970年代には、二度にわたるオイルショックで経済成長路線を混乱させられ、これに懲りた日本は、石油への依存を軽減して経済を立て直そうとしました。そんななかで原発は、資源枯渇を避けられ、コストとしても安定した救世主とされたのです。それを後押ししたのは当時の政治とマスコミです。

　ところがここに来て……!? 危険はさておき、経済性だけを考えたとしても、原子力のどこに価値を見出せばよいのでしょう？

10 大惨事を招きかねない ウランの輸送

ドイツから

ドイツではヴェストファーレン州グローナウにあるウラン濃縮プラントで、ウランを六フッ化ウランに加工（燃料化）している。これは鉄道やトラック、小型船などによって原発に運搬される。大都市など人口密集地のまっただなかを、きわめて毒性の強い放射性物質、六フッ化ウランが毎週のように通り抜けていくわけだ。

万一、事故や火災で六フッ化ウランの容器が壊れたら、深刻な環境汚染が広がる。六フッ化ウランは空気にふれると、水分と反応して猛毒のフッ化水素が発生する。フッ化水素は、最低致死量が1.5グラムとされ、皮膚から浸透して骨を侵す。輸送中に拡散すれば、半径数キロの人と環境に致命的な危険をおよぼす。

日本では............？

　日本の原発で使用される燃料も、六フッ化ウランの状態で輸入されることがほとんどです。日本までの輸送手段は船ですが、そこにも危険はつきものです。

　たとえば、カザフスタン産のウランは、イギリスやフランスで加工され、スエズ運河経由で海上輸送されてきましたが、近年は海賊やテロの脅威があり、そのため、ロシアで加工して日本海側から輸送する新ルートになりました。

　港で陸揚げされたウランが、濃縮工場や核燃料加工工場まで運ばれるのは一般道路です。

　原発の危険性を訴えるために、こうした陸上輸送の情報を調べて、その車を追いながら「危険なものが走っていますよ」と周囲にアピールする市民運動もあります。六フッ化ウラン輸送車には放射能マークとともに「近づくな危険」と示されているのですが、近づかなければ見えないほど小さい表示です。

東京周辺の核燃料輸送道路

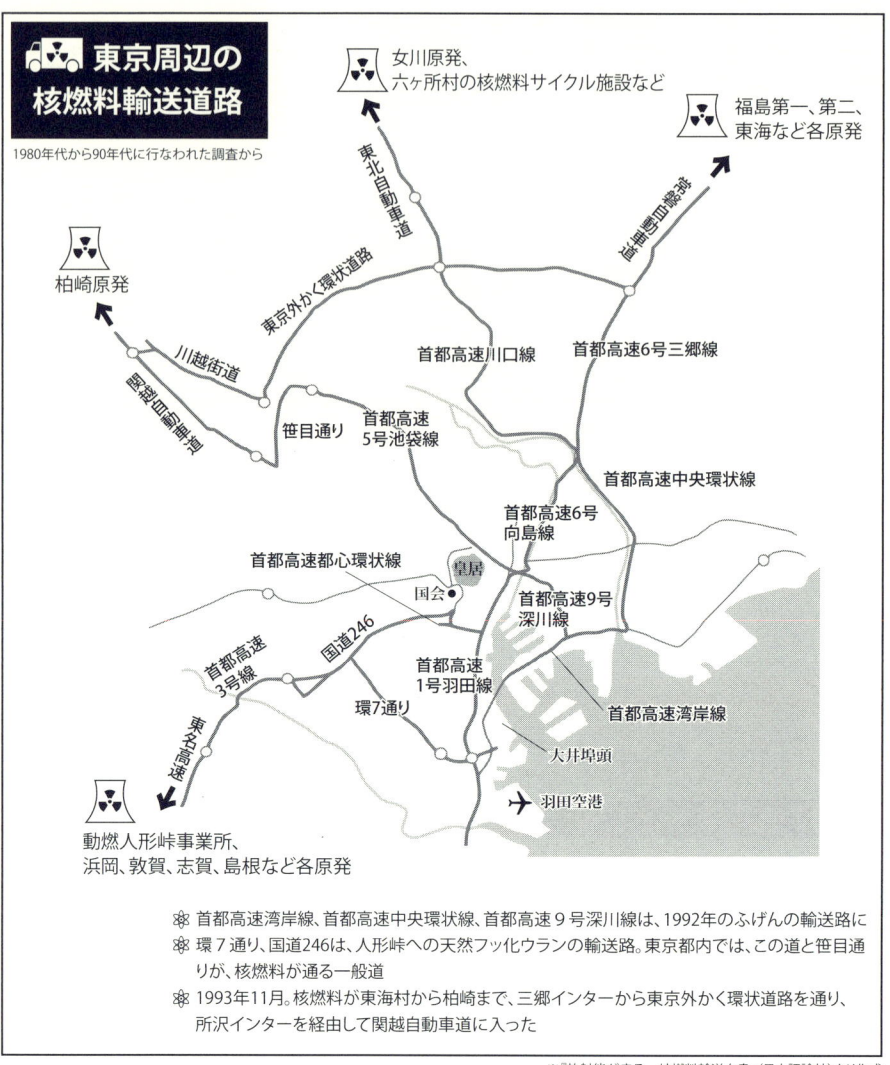

1980年代から90年代に行なわれた調査から

- 女川原発、六ヶ所村の核燃料サイクル施設など
- 福島第一、第二、東海など各原発
- 柏崎原発
- 動燃人形峠事業所、浜岡、敦賀、志賀、島根など各原発

主な道路：東北自動車道、常磐自動車道、関越自動車道、川越街道、東京外かく環状道路、笹目通り、首都高速川口線、首都高速6号三郷線、首都高速5号池袋線、首都高速中央環状線、首都高速6号向島線、首都高速都心環状線、首都高速9号深川線、国道246、首都高速1号羽田線、環7通り、首都高速湾岸線、首都高速3号線、東名高速、皇居、国会、大井埠頭、羽田空港

※ 首都高速湾岸線、首都高速中央環状線、首都高速9号深川線は、1992年のふげんの輸送路に
※ 環7通り、国道246は、人形峠への天然フッ化ウランの輸送路。東京都内では、この道と笹目通りが、核燃料が通る一般道
※ 1993年11月。核燃料が東海村から柏崎まで、三郷インターから東京外かく環状道路を通り、所沢インターを経由して関越自動車道に入った

※『放射能が走る─核燃料輸送白書』(日本評論社)より作成

　燃料を入れる輸送容器はもちろん特別なもので、安全性確保のための試験を行なっています。たとえば、9メートルの高さから落下させる、0.9メートルの水中に8時間沈めるなどの試験です。

　でも、私たちは東日本大震災で建物が崩壊したり、町が津波にのまれるのを見てきました。この輸送容器の安全基準は、本当に安心できるレベルでしょうか。

11 核兵器にもなるプルトニウムすら一般道路を通る

ドイツから

現在、多くの原発が、二酸化ウランと二酸化プルトニウムを混合したMOX燃料を使っている。二酸化プルトニウムはほとんどの場合、使用済み核燃料の再処理によって取り出される。プルトニウムは、7キログラムで原子爆弾を1つ製造することができ、数マイクログラム（1マイクログラムは1グラムの100万分の1）を吸いこむと確実にがんを発生させる。

フランスとベルギーのMOX燃料製造工場には、核兵器に転用可能な純粋な酸化プルトニウムが年間数トン搬入されるが、これも高速道路などを通り、トラック輸送されている。

日本では………？

日本では、MOX燃料を燃やしている原発はまだ一部です。原発の使用済み核燃料を再処理して回収したプルトニウムと、ウランを混ぜてウラン・プルトニウム混合酸化物にしたのがMOX燃料です。プルトニウムを従来の軽水炉（サーマルリアクター）で使うことを、和製英語でプルサーマルと呼んでいます。プルサーマルは、原子炉に無理な負荷がかかり、危険性が高まります。

また、MOX燃料はウラン燃料より低い温度で炉心溶融（メルトダウン）を起こします。核分裂連鎖反応のちがいにより、ウランに比べて制御棒の作動がしにくくなったり、炉内が不安定になったり、炉壁の劣化が早まるといった重大な問題点が多数指摘されています。

プルサーマルの可否は別としても、使用済み核燃料を海外や六ヶ所再処理工場に運び、MOX燃料に加工されたものを再び原発に運びこむということは、危険きわまりない放射性物質が、より頻繁に私たちの身近な場所を通過することを意味します。まして核兵器にも転用できるプルトニウムが日常的に輸送される危険は、もっと注目されてよいと思います。

COLUMN
「燃料不足を救う」とは──まやかしの核燃料サイクル

　日本の電力会社は、使用済み核燃料を再処理して使用する「核燃料サイクル」が、燃料不足に有効だと唱えています。その核燃料サイクルの決定打として原子力委員会が打ち出したのが高速増殖炉で、1968年に計画が始まりました。高速増殖炉とは、放射性廃棄物であるウラン238に中性子を吸収させてプルトニウム239に変え、それを燃料として再利用するという、非常に特殊な原子炉です。

　エネルギー問題を解決する夢の技術といわれ、当時の予定では1980年代に実用可能になるはずでした。ところがいまだに実現せず、目標がどんどん先送りされて、2005年の「原子力政策大綱」では、実用化は2050年となっています。

　実用化できないまま経費だけがかさみ、すでに1兆円を超える税金がつぎこまれてきました。じつは高速増殖炉は、海外ではとっくに実現不可能とされた技術なのです。

　原発で使用済みになった核燃料からプルトニウムとウランを取り出して、高速増殖炉に供給する目的で建設されたのが青森県の六ヶ所再処理工場です。

　ところが高速増殖炉のめどがつかないので、プルトニウムがたまっていきます。プルトニウムは容易に核兵器に転用できるため、そのままで保有していると「日本は核武装するのではないか」との疑惑をもたれてしまいます。そこで苦肉の策として導入されたのが、プルトニウムをウランと混ぜて普通の原発で燃やすプルサーマル計画です。

第2章
安全基準と健康被害

この章で取り上げる項目は、私たちの暮らしと密接に結びついたものです。
原発の周辺環境や生命を守るために、政府が設けている基準を中心に見ていきましょう。また、原発があることで、周辺にどのような影響が出ているのか、海外の例も紹介します。

12 原発周辺の子どもにがんが多発している

ドイツから

住まいが原発から近ければ近いほど、子どもががんを発症する確率が高まる。あるドイツの調査では、原発から5キロ圏内に暮らす5歳以下の子どもは、全国平均より6割ほど高い発症率を示しているという。白血病（血液のがん）の発症率も2割ほど高くなっている。とりわけ白血病は放射線が発症のきっかけとなりやすいのだ。
アメリカで集められたデータによれば、やはり核施設の近くに住む人はがんの発症率が高いという。

日本では………？

　上記のドイツの調査は、1980年から2003年に、16基の原発の周辺41市町村において行なわれました。調査を行なったのはドイツ連邦放射線防護庁という国の機関で、原発推進派と反対派の両方がかかわったものです。この機関はドイツが原発の賛否を議論する材料として行なった調査の「KiKK報告書」*もまとめています。
　ところが、こうしたデータがあるにもかかわらず、その原因が原発だということをはっきり証明できていません。
　日本では、福島第一原発事故のあと、それまで年間1ミリシーベルトまでだった線量限度が、20ミリシーベルトになりました。そんななか、不安を抱えながらも「避難したくてもできない」という人たちも大勢います。そこでは、「絆」が強調されたり、自ら除染を行なうことも暗黙の了解とされています。
　一方、自主的に避難した人の賠償は、ごくごくわずかです。こうした理不尽さに対して、「避難の権利」を求める動きも出ています。避難するかどうかを自主的に選択し、自主避難であっても、賠償や医療サポートなどが得られるようにしていこうというのです。こうした動きは、まだ始まったばかりです。

＊　2007年に公表された報告書。通常運転される原発周辺5キロ圏内で小児白血病が高率で発症しているという。ドイツで大きな反響を生んだ

第2章　安全基準と健康被害

13　平時も放射性物質を放出し続ける原発

ドイツから　PAR AVION

　どの原発にも排気筒と排水管があり、ここからトリチウム、炭素、ストロンチウム、ヨウ素、セシウム、プルトニウム、クリプトン、アルゴン、キセノンといった放射性物質を排出している。これらは空気中に放出され、土地や水を汚染する。そして蓄積され、濃縮された放射性物質は、やがて生命体に取りこまれ、その一部は全身の細胞内に広がったり、臓器に蓄積されたりする。こうした放射性物質が取りこまれた部分は、がんが発生しやすく、また突然変異をひき起しやすくなる。

　この危険な放射性物質は、放射性希ガスや放射性ヨウ素131など物質ごとに放出できる数値を規制当局が認可している。つまり、許可されたさまざまな放射性物質は、平時でも各原発1基ずつから排出されているわけだ。

　排出量調査は定期的に測定検査が行なわれているが、それは原発の運営会社が独自に行なっているにすぎない。

日本では……？

　原発は、平時であっても環境中に放射性物質を排出しています。そしてドイツと同様に、日本にも独自の基準があります。基準値は各原発の立地や気象条件によって異なり、原発の建設許可を得る段階で、「管理目標値」として定められています。「目標値」とは、放出量をこれ以下に抑えなさいという目安です。

　たとえば、中部電力の浜岡原発の目標値は、希ガス*が3.6×10^{15}Bq／年、ヨウ素131で1.1×10^{11}Bq／年といった具合です。トリチウムなど目標値が定められていないものもあります。

　通常、大気の汚染や水質の汚濁の原因となる有害物質の放出は、環境省が所轄する環境基本法に定められていますが、原発から放出される放射性物質については、原子炉等規制法で定められ、文部科学省の管轄で、より厳しく規制しているといわれています。

＊　化学反応を起こしにくいヘリウム、ネオン、アルゴン、クリプトン、キセノン、ラドンなどを指す

このように、平時にも原発から絶えず放射性物質が放出されているということを、私たちはきちんと知らされてきたでしょうか。
　また、それを知って「大丈夫なのだろうか」と疑問をもっても、電力会社からは「原発が放出している放射性物質はごく微量で、もともと自然界にある放射性物質より少ないから心配いらない」というお決まりの言葉を聞くことになるでしょう。
　しかし、それが長年、蓄積していったらどうなるのでしょう？　また、通常の希ガスは人体に残留しませんが、放射性希ガスに含まれる放射性アルゴンなどの人体への影響は否定できないといわれます。
　目標値があり、その値は安全だといわれて、はたして私たちは安心して暮らせるでしょうか。私たちの不安を「科学的な理解が乏しい」などという言葉で片付けられてはたまりません。安心できるものを選びたいというのは当然の要求です。なぜ、電力にはそれが許されないのでしょう。

第2章　安全基準と健康被害

14　安全基準値設定の目安は健康な成人男性

ドイツから PAR AVION

> 核施設からの放射性物質排出許容量は、「標準的人間」を目安にしている。それは、若く、健康な「平均的男性」だ。そこでは、より放射性物質の影響を受けやすい高齢者、女性、子ども、幼児、胎児などは度外視されている。
>
> そもそも当初から国際基準、ドイツ国内基準いずれの数値でも、人口のなかの、ある一定数に影響が出ることは容認している。核エネルギー拡大計画を操作する余地を残しておくためだ。

■ 日本では………？

　日本の通常時の被ばく線量の限度は１ミリシーベルト／年です。ところが、福島第一原発での事故の後、20ミリシーベルト／年までなら避難を強制せず、そこで暮らしてもよいと国が決定しました。

　これまでの基準がいきなり20倍となり、私たちは、この基準がもともとひどくあいまいなものなのだと思い知らされたのです。人がいきなり放射能に対して20倍もの許容量をもてるようになるはずはありません。

　また、「これ以下なら大丈夫」という、「しきい値」はないともいわれます。そんななかで、どうしたら安全基準を設定することができるのでしょう。

　まだまだ私たちは、被ばくの本当の影響を知りません。1940年代に兵器として開発された原子力が地球上におよぼす影響について、いまだ検証の途上にあるのです。

　拡散し蓄積され続ける放射性物質に、地球上のさまざまな生物がどのような影響を受けるのか、その「結果」を確認した人はいません。

　いわば、私たちの住み処・地球は巨大な実験場です。そこには、まったく電気の恩恵を受けていない人びともいます。野生の生物もともにいます。しかし、彼らも実験場では、残らず被験者の一員です。

15 被ばく線量が低いからといって安心できない

ドイツから PAR AVION

　放射線は低線量であればそれほど害はない、あるいはまったく無害であるとか、むしろ身体によいなどということが、いまだに広く喧伝されている。この認識は、実際の研究結果に反している。それは世界各国の研究論文によっても明らかだ。論文のなかには核施設で働いている研究者によるものもある。保守的な研究機関といわれるアメリカ国立科学アカデミーでさえ、低線量の放射線が有害であることを確認した。原発周辺に住む子どもの発がん率が高いのも、これで説明がつく。

日本では……？

　「一定の量なら放射線は身体にいい」という説は、「自ら備わっている修復作用で、少量の被ばくなら傷や病気の回復力が活性化する」ということからきていて、「ホルミシス効果」といわれます。この学説は、現在、傍流と退けられていますが、原子力産業はしばしば取り上げてきました。

　一方、「ドイツから」にあるアメリカ国立科学アカデミーの学説は2005年の報告にもとづくもの。それによると、「被ばくのリスクは低線量にいたるまで直線的に存在し続け（値が少なくなってもゼロではない）、しきい値はない」ということです。被ばくリスクを小さく考えがちな国際放射線防護委員会*でさえ、低線量でも「危険がないわけではない」といっています。

　とりわけ影響が大きいのが乳幼児や子どもたち。ゼロ歳児は全年齢の平均より、約4倍も危険といわれます。細胞分裂をもっとも活発に繰り返すからです。

　細胞分裂とは、細胞をさかんにコピーして増やすことです。放射線によって傷ついた細胞も自己の力で修復されますが、その修復の過程で異常が生じて、もとの細胞とは異なる細胞になってしまうこともあるのです。

　修復ミスが起こる複雑な傷は、1.3ミリシーベルト／年の被ばく線量でできることが疫学的に証明されていて、白血病やがんなどの重い病気でなくても、さま

*　国際放射線防護委員会：ICRP。放射線防護に関する勧告を行なう専門家による国際学術会議

ざまな疾患を抱えることになる危険性は否定できません。

しかも、被ばく線量は蓄積されます。たとえ低線量であっても、長年、その環境にいれば、被ばく線量は加算されていきます。

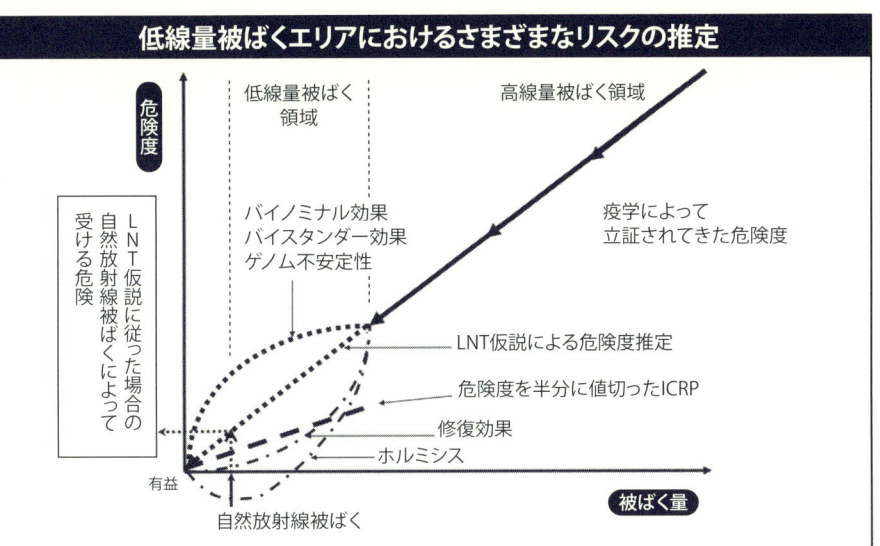

低線量被ばくエリアにおけるさまざまなリスクの推定

縦軸：危険度
横軸：被ばく量

- 低線量被ばく領域
- 高線量被ばく領域
- LNT仮説に従った場合の自然放射線被ばくによって受ける危険
- バイノミナル効果／バイスタンダー効果／ゲノム不安定性
- 疫学によって立証されてきた危険度
- LNT仮説による危険度推定
- 危険度を半分に値切ったICRP
- 修復効果
- ホルミシス
- 自然放射線被ばく
- 有益

バイノミナル効果　二項式効果。損傷を与える効果と修復効果のような、2つないし、それ以上の効果が対抗することにより、低線量域において、むしろ被ばくの効果が大きくなることをいう。たとえば、低線量域では修復効果がうまく働き出さず被ばくの効果が大きくなるが、線量が増加すると修復効果が働くようになって被ばくの効果を小さくし、さらに線量が増加すると再び損傷効果が修復効果を上回るようになるといった仮説がある。

バイスタンダー効果　放射線に被ばくした細胞だけでなく、近傍の細胞（バイスタンダー）にも損傷をひき起こすこと。

ゲノム不安定性　細胞のもつ遺伝子の全体をゲノムという。その安定性は、DNA（デオキシリボ核酸、遺伝子の実体）の損傷と修復のバランスで維持されている。放射線被ばくは、この安定性をこわし、被ばくした細胞の子孫の細胞で突然変異の発生率が高くなる。

LNT仮説　「直線・しきい値なし」仮説。高線量領域で立証されている被ばく量と発がんや遺伝的影響の比例関係を低線量領域まで直線的に伸ばした仮説。ある量以下なら影響が出ないという「しきい値」は存在しないとする。国際放射線防護委員会（ICRP）は、この仮説を採用しながら、「線量・線量率効果係数」なるものを導入して、影響を半分に値切っている。

国際放射線防護委員会（ICRP）　その勧告は、各国の法令などに取り入れられている。

修復効果　細胞がもつ損傷回復力が、障害の発生を上回る効果。

ホルミシス　低線量の被ばくが生物活動を活性化させることによる有益な効果。

※グラフは、小出裕章作成の最新のもの。解説文は、原子力資料情報室編『原子力市民年鑑2010』より

16 見逃せないトリチウムの危険性

ドイツから PAR AVION

> 原発は大気中や水中に大量のトリチウム（三重水素ともいわれる放射性水素）を放出している。人間や動物などは、この物質を、呼吸するときに大気中から吸収したり、食物や栄養として体内に取りこんでしまう。
> 人間の身体は通常の水素や水分と同様に、トリチウムやトリチウムを含んだ水分を、臓器や、より直接的には遺伝子に組みこんでしまう。そこで放射能はさまざまな病気や遺伝的障害をひき起こす可能性がある。

日本では……？

　トリチウムが心配なのは、重水減速・重水冷却発電炉（CANDU炉）というタイプの原子炉です。幸い、日本では現在この原子炉はありません。日本に今ある原子炉の普段のトリチウムの放出量は微量で、福島のような大事故でも起きないかぎり、大量に放出されることはありません。むしろ怖いのは六ヶ所再処理工場です。現在、停止中の再処理工場が本格稼働すると、原発のおよそ1年分の環境汚染をたった1日で生じさせることになり、トリチウムも海に放出されます。

　トリチウムの半減期は約12年。トリチウムは危険性が薄いという学説もありますが、有機物や水のなかの水素と置き換わるので、飲料水や野菜、海藻など、さまざまな経路から人体に取りこまれていきます。

　人体をつかさどる元素のうち、構成要素の高い水素、炭素、窒素は3大元素といわれますが、トリチウムは水素の仲間なので、人体に取りこまれやすいのです。そのため近年では、低線量でもトリチウムの危険性が指摘されています。取りこまれたトリチウムは、DNAに近い部分やDNA内部の組織を破壊するベータ線を低いながらも放射します。トリチウムは、卵細胞に影響を与えて、突然変異の確率を高くするといわれ、また、原発周辺で多発する小児白血病への影響も指摘されており、イギリスの健康保護局の諮問機関は、トリチウムの危険性をこれまでの2倍に改めるべきだと報告しています。

17 原発の温排水が魚の酸素を奪う

ドイツから PAR AVION

> 原発はエネルギーを浪費する。そして、その浪費したエネルギーが環境へおよぼす悪影響も見逃せない。原子炉を一定の温度に保つために膨大な水が使用される。その水は河川に捨てられるが、その水温は33度もある。排水が放出された河川は水温が上昇し、多くの植物や微生物の生育が阻害され、死滅する。
> また、温かい水は冷たい水と比べて酸素の含有量が少ないうえに、死んだ植物や微生物の腐敗によっても多くの酸素が奪われる。魚たちは呼吸するための酸素を、二重に奪われているのだ。

日本では……？

　ドイツの原発は大きな川の近くにあります。島国・日本の場合は海岸の近くに建てられています。それは、やはり膨大な水を必要とし、温排水を放出するためです。

　排水の量は1秒間に数十トン！　日本中の原発を合わせれば1年間に1000億トンの温水が海に捨てられているのです。河川と比べてみると、首都圏の主要な河川の1つである荒川の水量は、平均的な時期で1秒間に30〜40万トンの流水量です。

　また、1年間に日本列島に降り注ぐ雨量は6500億トンで、そのうち4000億トンが川に流れるといいますから、原発の温排水量は河川に流れこむ年間雨量の4分の1に匹敵するわけです。

　また、海岸に原発を建てることで、海の環境を著しく破壊します。日本生態学会自然保護専門委員会は、中国電力が進めている上関原発計画に反対を表明しています。海岸や海底に生息する貴重な動植物の生態系が脅かされるからです。

18 多くの非正規労働者を危険にさらしている

ドイツから PAR AVION

　原発のなかでは、何千人もの非正規労働者が被ばくのおそれのある区域で、清掃・除染・修理作業にあたっている。彼らは請負業者からの連絡で、原発が「ヤバイ」ことになるとお呼びがかかる。

　ドイツ連邦環境省による1999年の統計によれば、こうした非正規労働者の被ばく量は、原発運営会社の正規職員の数倍にのぼるという。フランスでは彼らのことを、使い捨ての労働者を意味する「放射能のエサ」とも呼んでいる。

　こうした非正規労働者は、放射性廃棄物で破裂しそうになっているごみ袋のわきで仕事をしたり、放射性廃棄物輸送用の巨大なタンクの隣でコーヒーを飲んだり、それに不十分な防護服のままで原子炉内部の作業を行なったりしている。

　彼らは仕事を始める前に、線量計のメーターを自分から切ってしまうこともある。被ばく線量が最大許容値に達してしまうと、原発での仕事を失ってしまうからだ。結局のところ、誰も自分の仕事を失いたくないのだ。

日本では……………？

　ドイツの原発作業員の実情が、日本とあまりに似ているので驚きました。

　原発は、最先端の科学の粋を集めた施設のように思われていますが、その裏では、手作業による点検・保守が欠かせません。そうした原発内部の最前線で、地道な作業を担っているのは電力会社の正社員ではなく、孫請け、ひ孫請けの会社が契約している非正規労働者（その多くは日雇労働者）です。

　彼らは自分が行なっている作業が、原発全体のシステムのなかでどのような意味をもつか、どれほどの危険と隣り合わせなのかということを十分に知らされないまま作業をさせられています。

　日本中の原発を渡り歩いて働く作業員は、被ばくの上限を超えると働けなくなるので、時には線量計をはずして作業することもあります。また、現場の監督者

から、線量計をはずすよう指示されることもあるそうです。

　もちろん、彼らの長期にわたる健康調査などを、電力会社が行なっているわけではありません。彼らが病気になっても責任を負わなくてすむように、非正規労働者を使うという面もあるのですから。

　福島第一原発の事故後、危険と隣り合わせの現場で命をかけて働く人たちが、「フクシマの50人」として英雄視され称賛されましたが、原発内部で働く人たちは、これまでも常に「命をかけて」働いてきました。

　差別や人権問題、貧困問題ともつながる原発作業員の苛酷な実情があります。また、事故後に福島第一原発の危険な最前線で働く労働者は、被災者自身が多いのです。

19 距離をおきたい原発

ドイツから

ドイツの電力会社の「ビッグフォー」の4社、エーエヌベーヴェー（EnBW）、エーオン（E.ON）、エルヴェーエー（RWE）、ヴァッテンファル（Vattenfall）の社長たちは、原子力推進のために、まるで一致団結しているかのように、誰もが熾烈な論陣を張っている。そしてプライベートでもまた、仲のいい横並び志向の持ち主たちだ。ハンス＝ペーター・フィリス（EnBWの最高経営責任者）、ユルゲン・グロスマン（RWEの最高経営責任者）、テュオモ・ハタカ（Vattenfallの最高経営責任者）ら*は、いずれも自分たちの原発からはるか彼方に居をかまえ暮らしている。

日本では………？

　福島第一原発で事故が起こった直後、原発内で処置にあたる職員と東京にいる役員との間で、情報が共有されていないことが問題となりました。

　事故収束にあたる東京電力の本社は、原発から離れた東京都内の一等地にあります。もちろん、ほかの電力会社も同様です。日本でも電力会社の上層部は、都心や近郊からオフィスに通っていることでしょう。

　また、東京電力は電力供給地の管轄内に原発を建てていません。それはみごとなほどです。火力発電所が東京湾を取り囲むように、都会からそう遠くない場所にあるのとは対照的です。

　法律でも「人口密集地からはできるだけ距離をとること」という、「原子炉立地審査指針」があり、原発はできるかぎり過疎地につくることを定めています。

東京電力の給電範囲外にある原発

柏崎刈羽　　福島第一／福島第二

東京電力の給電範囲

● 火力発電所
○ 水力発電所
⬡ 原子力発電所

火力発電所は東京電力管轄の給電範囲にあり、水力は河川によって位置が決まるが、原発はみごとに給電範囲を避けてつくられている

※インターネット「日本の発電所―全画面地図」などから作成

＊　2012年6月30日現在

第3章
事故と大災害のリスク

原発事故の影響下にある私たち。この章でふれる内容は、「もっと早く知っていればよかった」と思うものが多いでしょう。安全といわれてきた原発が、いかに危うい綱渡りだったのかと驚くかもしれません。福島の事故は「想定外」ではなかったのだと、よくわかります。

20 安全基準以下の既存原発 合格水準の新設は無理

ドイツから PAR AVION

現在、ドイツには原発が17基[*1]あるが、連邦憲法裁判所が求めている「最高水準の安全性」という基準を満たせる原発は1つもない。放射能漏れを防ぐ強度に達せず、電気系統や鋼鉄の老朽化や脆弱性などといった現状の欠陥は、数百万ユーロかけて改修しても改善はできていない。

たとえ建て直したところで、重大な安全上の問題があるため、操業許可を得られる原発は、もはや1基もないだろう。

日本では……………？

日本は原発事故の影響下にあるにもかかわらず、新規着工をあきらめない人びとがいます。また、私たちの目下の関心事は、定期検査などで停止している原発の再稼働の動きです。日本にある原発は、2012年5月現在、定期検査などですべてストップしました。ところが、電力会社やそこにお金を融資している銀行、推進派の議員などは再稼働に躍起です。原発の耐性を確かめるストレステスト（耐性評価）[*2]で切り抜けようとしています。

ストレステストは検査の不備が指摘されたり、耐性評価の意見聴取会で傍聴者を締め出すなどの不透明性に、聴取会の委員からも抗議の声が上がっています。

何より、福島第一原発の事故の原因がきちんと解明されていない現状で、「テスト合格」といわれても、安心することはとうていできません。

また、「もんじゅ」は、ストレステストだけで9億円もかかるといいます。

一方、電力不足の根拠としているデータは、電力消費量の基準をバブル期において高めに見積もったり、企業の自家発電分や自然エネルギーの発電量を合算しないで低めに見せた結果です。

日本では、原発そのものの危険性に加えて、原発にかかわる人びとへの信頼性も大きくそこなわれています。それでも、なお新規着工は許されるのでしょうか？

＊1 ドイツでは福島第一原発の事故の後に8基の原発を停止し、残りも段階的に停止して廃炉にすることを決定した
＊2 設計基準を超えた地震や津波に、どの程度までなら耐えうるかを計算して評価する。実際に耐えられるかは不明

21 老朽化が招く高いリスク

ドイツから PAR AVION

　機械や電気系統というものは、必ず寿命がある。とりわけ原発においては寿命が短い。配管は割れやすくなり、制御装置は故障し、バルブやポンプもおかしくなる。亀裂が増殖し、金属は腐食する。
　米国オハイオ州のデービス・ベッセ原発では、原子炉圧力容器の壁が腐食し、厚さ16センチの鋼鉄に穴があいた。だが、誰も気がつかない。内側の薄いステンレス板だけで、かろうじて原子炉からの放射能漏れを防ぐことができた。
　原発は、稼働年数や築年数が長くなるほど事故のリスクが高くなる。これは、報告義務のある事故・故障の統計にもはっきりと表われている。事実、1970年代に運転を開始したドイツのビブリス原発やブルンスビュッテル原発などは、その後に誕生した原発よりもはるかに頻繁に事故や故障が起きている。

日本では………？

　時間がたつとますます味わいを増す木製家具や、長年連れ添うパートナー（!?）とはちがって、精密機械や電気系統は、ただそこにあるだけで空気中の湿気やほこり、酸化の影響を受け、長く使えば故障が多くなります。原発は、化学プラントなどともちがい、金属疲労や酸による金属の腐食などだけでなく、炉心から飛び出してくる中性子による材料劣化も考えて、設計や管理が行なわれていなければなりません。
　九州電力の玄海１号機をはじめ、関西電力の美浜１号機・２号機、大飯２号機、高浜１号機、日本原子力発電の敦賀１号機など1970年代に建設された古い原発は、原子炉圧力容器内部で中性子線が金属にあたり、割れやすくなっている状態が進んでいるといいます。老朽化による機器の損傷は完全に防ぐことはできません。このように老朽化した原発は早々に廃炉にしていくべきです。
　電力会社は、事故が起きる前には「安全対策は万全で追加対策は必要ない」と

老朽原発ランキング

順位	発電所名	運転開始時期	所在地
❶	敦賀原発1号機	1970年3月	福井県敦賀市
❷	美浜原発1号機	1970年11月	福井県美浜町
❸	福島第一原発1号機(廃炉)	1971年3月	福島県大熊町
❹	美浜原発2号機	1972年7月	福井県美浜町
❺	島根原発1号機	1974年3月	島根県松江市
❻	福島第一原発2号機(廃炉)	1974年7月	福島県大熊町
❼	高浜原発1号機	1974年11月	福井県高浜町
❽	玄海原発1号機	1975年1月	佐賀県玄海町
❾	高浜原発2号機	1975年11月	福井県高浜町
❿	福島第一原発3号機(廃炉)	1976年3月	福島県大熊町

いっていましたが、事故が起きてから初めて対策が不十分だったとわかってきました。物理学の基礎から見ても100パーセントの安全は不可能で、電力会社と国や地元自治体の担当部署は、「どこまで安全性を追求できるか」を決めることしかできないのです。

　原発をより安全にするには、設計基準事故*の想定を拡大して、多重的・長期的なシステム破壊に備える必要があります。ですが、そうすると当然コスト高になり、電力会社にとっては経済的な損失となります。

　ところで日本の原発のなかには、法的には化学プラントとして構造設計された原発が2基あります。福井県にある日本原子力発電の敦賀1号機と、関西電力の美浜1号機です。建設が開始された1960年代半ば当時、日本には「原発の中枢構造物」の法的な技術基準がなかったので、化学プラントの技術基準に準じてつくられているのです。つまり、その安全基準は化学プラントとしてのもの。原子力発電所としての基準をクリアしているといえるのでしょうか。

＊　原発施設内で生じる異常や事故を小さくすることを目的として、施設の設計を評価すること。一定の基準に沿って機器の破損や故障を組み合わせた事故を想定して行なう

第3章 事故と大災害のリスク

22 報告義務のある事故・故障

ドイツから PAR AVION

ドイツの原発では3日に一度、「安全性にかかわる事故・故障」が起きている。この事故や故障は、連邦放射線防護局に届け出ることが義務づけられていて、その件数は毎年100〜200件。1965年からの累計では、約6000件にものぼるのだ。

こうした届け出のなかには毎年、苛酷事故（シビア・アクシデント）に発展する可能性があった事故が相当数ある。さらにそのうちの数件は、これまでドイツで最悪の原発事故が発生しなかったのは、純然たる偶然の産物にすぎないことを示している。

日本では ....?

日本では、法律で報告を義務づけられた事故が発生すると、すぐに経済産業省に報告することが定められています。深刻さの段階を判断する国際的基準にも照合されます。

福島第一原発事故までは、報告された件数はここ30年の間に減少傾向にあり、最近では、年間で15〜25件でした。問題は、報告されていなかったか、報告されても公表されなかった事故がじつは多かったということです。20年以上も隠されてきた数々の制御棒脱落、誤挿入事故のなかには、原子炉内で核分裂反応が連続して起きる臨界に達したケースもありました。

また、数々のミスや事故の隠ぺい、データのねつ造や改ざんも内部告発されています。配管の溶接について検査をしていないのにしたかのようなデータをつくったり、使用済み核燃料の輸送容器のデータをねつ造する、そんなことが続けられています。チェック機能も万全ではなく、その対策も現在、議論されています。

機械的トラブルとヒューマンエラー（人為的ミス）、そして地震や津波などの自然災害によって、安全機能が共倒れ的に崩壊する可能性は依然として存在します。建設工事や整備段階での欠陥、コンピュータ制御のソフトウェア障害、飛行機の衝突や墜落、原発施設の大規模破壊や情報システムへのテロ攻撃。原発が存在するかぎり、いつかは大事故が起きる可能性があると考える必要があります。

23 在庫切れの部品と ヒューマンエラー

ドイツから PAR AVION

ドイツには17基の原発がある。そのうち7基は、1980年までに稼働を始めたものだ。2011年、脱原発を決定した後、それらは真っ先に完全停止が決まり、今後廃炉の道をたどることになった。

古い原発を動かすことのリスクは、無視できない脅威だ。要因は多々あるが、それぞれの原発ができた当時の部品が手に入らないことも、その1つだろう。

1970～1980年代に営業運転を始めた原発で、修理に必要な部品の多くは、今では手に入らない。修理するときには間に合わせの代用品を使うしかない。しかし、もしも代用品がオリジナルの部品と完全に同じ働きをしなかった場合は、重大な結末につながるおそれがある。このリスクは大きい。

日本では……？

原発はオーダーメイドでつくられるものです。一方で日本では、「古い原発でも部品が最新だから大丈夫」といわれることもあるそうです。

日本で原発の安全性を規制する行政機関は、経済産業省原子力安全・保安院で、通称「保安院」と呼ばれます。この保安院と連携した独立行政法人原子力安全基盤機構という組織の見解では、「日本では、初期に導入した原発では初期故障が多く発生したが、トラブルは全体的には減少傾向にある」のだそうです。

それよりもヒューマンエラー、つまり人間が起こす誤認や誤作動、行動ミスやエラーを原因とするトラブル発生が問題だと指摘しています。

しかも、「これは組織に起因するトラブル」であり、老朽化した原発を健全に運転するためには、関係機関や関係者によるヒューマンエラー対策が必要不可欠だというのです。

原発のように、万一事故が起きたときのリスクが異常に大きい構造物の場合、このような考え方で十分なのでしょうか。人は常に的確な判断ができるわけではありません。どんなに訓練を積んでいる作業員でも、計器が故障したり、データ

を読み間違ったりして判断を誤ることがあります。

　原発は、「フェールセイフ」といって、「人間が操作を失敗しても安全が確保されるという思想」にもとづいて、異常を瀬戸際で防ぐ仕組みを備えていることになっています。ですが問題は、どのようなヒューマンエラーが起きるかを、どこまで事前に想定しているかという点です。

　人間はどうしたってミスをするものです。ヒューマンエラーはどこで起きるかわかりません。どこで起きるかわからないものは完全に防ぐことはできないのです。ヒューマンエラーの防止策に取り組む前に、ヒューマンエラーによって取り返しのつかない事態を招くような技術は使ってはいけない、そう思います。

24 30年前のテクノロジーとは石器時代の産物

ドイツから　PAR AVION

　ドイツでは、2022年までに17基ある原発を順次閉鎖する決定をした。しかし、これまでは1970年から1982年の間に建設工事が開始された古い原発であっても、市民たちの要求で停止に追いこむことはなかなか難しかった。

　良識あるまともな考えの人間であれば、今、たとえば1970年製フォルクスワーゲン411を指して、「最高水準の安全性」がある車だとは絶対にいわない――たとえダンパーを取り替え、ブレーキを交換し、シートベルトを取りつけてあったとしてもだ。もし、1982年製のパソコン「コモドール64」を、現在の標準的な仕様にアップグレードしたいという人がいたら、間違いなくばかにされるだろう。

　こういう常識的な考え方が通用しない唯一の例が、原発なのだ。

日本では………？

　原発のリスクの重大さを考えれば、一定の範囲内でリスクを吸収、回避できるように施設やシステムの改善が求められます。ところが原発は、稼働を一度始めたらもはや新技術に改良することができないという矛盾を抱えているのです。

　老朽化した原発では、トラブルがひき起される可能性が高まります。また、古い原子炉のなかには、設計者が「欠陥だった」と告発したタイプのものもあります。しかし、そうした理由で原子炉を取り替えたということはありません。

　古い原子炉の仕組みそのものや、安全を管理する制御システムは、現在の技術水準から見るとずいぶんと問題がありますが、放射性物質で汚染された原子炉や周辺機器を簡単に解体、交換することはできません。改善を行なうとしたら、原発を止めることが、現在、考えられる最良で唯一の方法です。

第3章　事故と大災害のリスク

25 地震によるリスク
お粗末な地震対策

ドイツから

　ドイツで地震活動がもっとも活発な地域であるライン地溝帯には、3つの原発がある。カールスルーエ市に近いフィリップスブルク原発、ダルムシュタット市に近いビブリス原発、それと、フライブルク市に近い、フランスのフェッセンハイム原発。こうした立地にもかかわらず、ドイツのほかの原発と同様、耐震性は脆弱だ。

　たとえば、フェッセンハイム原発では、1356年にバーゼル市を壊滅させたのと同規模の地震が発生しても、震源地が30キロメートル以上離れていれば耐えられるとしている。しかし地殻変動が、原発の耐震設計に合わせてくれるだろうか？

　ビブリス原発も、耐震設計の重力加速度が低すぎる。それをはるかに上回る強い地震が、ビブリスを南北にはさむマンハイムからダルムシュタットまでのどこかで起きるだろうと地震学者たちは予測している。

　一方、シュトゥットガルトの北にあるネッカーヴェストハイム原発では、地下の石灰質土壌が地下水によってどんどん浸食されている。毎年、1000立方メートルもの空洞が地下に増えているのだ。

日本では………？

　日本列島は地球の表面積のわずか0.3パーセント。そこで地球全体の地震の約1割が発生しています。そんな日本に54基（うち福島第一原発の4基は廃炉が確定）の原発があり、さらに3基が建設中です[*1]。東日本大震災後も大きな余震が続いていますし、政府の「地震調査研究推進本部」[*2]は、今後30年以内に東海から東南海、南海へと連動するマグニチュード8.5クラスの大地震が、80パーセント以上の確率で起こると予想しています。

　原発の地震の揺れに対する耐震設計では、基準地震動を策定します。これは各

[*1]　建設中の3基の原発とは、大間原発（電源開発）、東通原発（東京電力）、島根原発3号機（中国電力）のこと。東京電力は2011年12月に、東通原発建設断念報道を否定している

原発で起こると想定される最大の地震動を決めて、それに対する余裕をもたせるというものです。福島第一原発ではマグニチュード7.2、不確実性を加味して最大でも7.9としていましたが、実際にはマグニチュード9.0もの地震が起きたわけです。

2011年3月11日の地震は非常に長く揺れましたが、福島第一原発で東京電力が観測できたのは150秒ほどで、実際には200秒以上揺れが続きました。原発の構造物にとってダメージとなる震動が、観測不可能なほど続いていたのです。

政府は全国の原発を対象に、東日本大震災で起きたような激しい揺れや大津波などに、ぎりぎりどこまで耐えうるかを評価する「ストレステスト」（耐性評価）の実施を決めました。でも、実際の限界がどの程度かを測るテストでありながら、そもそもこの基準地震動が本当に最大なのかは問いません。

また、日本政府や東京電力は、福島第一原発事故の原因を「想定外」の大津波だとしていますが、さまざまなデータや事実から、地震の揺れで事故が生じた可能性が指摘されています。

内閣府原子力委員会の近藤駿介委員長が地震後にアメリカ政府に送ったメールが、アメリカの情報公開法により公開されましたが、そこでも「地震により福島第一原発の配管が破砕された可能性がある」と、地震発生から25時間後の時点で書かれています。

津波に関しては、文部科学省の地震調査委員会は、平安時代の貞観地震の研究によって、宮城・福島沖で巨大津波が起きる可能性を盛りこんだ報告書を作成中でしたが、2011年3月3日に文部科学省と電力会社（東北電力、東京電力、日本原子力発電）との情報交換の場を設けた際に、報告書の内容についてトーンダウンするよう電力会社から要請を受けたということが、2012年に入って発覚しています（河北新報　2012年2月26日）。

*2　阪神・淡路大震災の後に設置された、行政、大学、各種研究機関の機能が統合された地震研究機関

第3章 事故と大災害のリスク

26 原発に飛行機墜落 それは想定外で大丈夫?

ドイツから PAR AVION

　もし満タンの燃料を積んだ飛行機が衝突したら、その衝撃に耐えられる原発はドイツには1つもないだろう。これについては、ドイツ原子力安全協会（GRS）が連邦環境省に提出した調査結果のなかに、当初は極秘資料だった専門家の見解としてくわしい説明がある。
　なかでも7基の原子炉はコンクリート壁が薄すぎて、ジェット戦闘機の墜落や、装甲車を貫通するために開発された徹甲弾による攻撃で、破局的な大災害につながりかねない。

日本では……？

　ドイツでは、福島第一原発事故の影響を受け、脱原発を決定しました。レットゲン環境相（当時）がそのスケジュールを決めるにあたり、原発が飛行機の墜落に対して安全性を確保しているかどうかも考慮するという方針を、2011年5月に明らかにしました。
　翌6月に閣議決定された原発全廃の時期などを盛りこんだ新政策案では、小型飛行機が墜落した場合に構造的に耐えられないとされた4基を含め、1980年以前から稼働する旧式の7基と、火災事故のため停止中だった1基の計8基の原発の完全停止が決まりました。残る9基も、大型飛行機の衝突に対する備えは不十分とされ、現在、2022年までの停止が決まっています。
　ところが、日本ではこうした飛行機の事故は、現状では考慮する必要がないとされています。日本の狭い空の上を、民間、アメリカ軍、自衛隊の飛行機が複雑に飛び交っているのに、それは「想定外」の事態をひき起こすことにはならないのでしょうか。
　核燃料サイクル施設が建設・計画されている青森県六ヶ所村では、敷地内を断層が走り、再処理工場が建つ地面の下の岩盤は軟岩という、立地に大きな不安材

料があります。しかも、周辺に三沢飛行場や三沢基地（アメリカ軍、自衛隊の空軍基地）があり、飛行機事故の危険性が長らく指摘されてきました。また、周辺の全区域が「三沢特別管制区」に指定され、射爆撃訓練を含む、アメリカ軍機や自衛隊機訓練が行なわれる地域です。

　なんという所に核施設を建てたのでしょう!?

　六ヶ所村近辺に1952年から1980年までの間に飛行機が墜落した回数は27回、不時着も4回もあったという記録が残っています。日本原燃が計画決定後に行なった調査では、1986年12月から1年間の飛行機の往来頻度は4万2846回もあったことがわかりました。

　ウラン濃縮工場や再処理工場の申請書では、「飛行機が施設上に墜落しても大丈夫」とされているそうです。

　ところが安全審査の条件は甘く、ジェット戦闘機が燃料を満載した場合の墜落事故は想定していても、爆弾を搭載した場合については考えていないなど不備が目につきます。

　上空を飛行機が飛んでいるかぎり、大きな爆発をひき起こし、大事故につながる可能性は十分にあります。

第3章 事故と大災害のリスク

27 すでに崩壊しかかっている新型原子炉

ドイツから PAR AVION

原子力業界が最先端技術と主張できるのは、おそらくヨーロッパ加圧水型原子炉（EPR）だろう。この新型原子炉を、世界最大の原子力産業複合企業であるフランスのアレバ社が、自国とフィンランドで建設中だ。

この原子炉もまた、炉心溶融を含む苛酷事故の危険をはらんでいて、大量の放射性物質を環境にまき散らす可能性がある。非常事態になるときわめて危険なため、フィンランド、イギリス、フランスの原子力監督当局はアレバ社に改善要求を出した。原子炉を確実に制御して緊急停止に導くことができるシステムにすべきだというのだ。事実、この「超安全」とされる新型原子炉は、単純な飛行機墜落に対する防護策も講じられていない。

ところがフランス政府は、この新型原子炉の建設を中止するどころか、危険を指摘した専門家の文書を軍事機密にし、何の対策もとっていない。

日本では……………？

フランスのアレバ社が開発した第三世代の「革新型」加圧水型原子炉は、経済性と安全性に一層の向上が図られているという点がセールスポイントです。原子力監督当局の改善要求を受けて、炉心を保護する原子炉格納容器のコンクリート壁を、飛行機が墜落した場合でも心配のない厚さに強化することで、飛行機の衝突や炉心溶融に対応できる堅牢な設計になるとしています。その一方で、事故などのトラブルが続き、安全性が問題となっています。

絶対安全な原子炉など不可能です。それを「絶対」といいきってしまうところこそ疑うべきでしょう。日本では、「大事故は起きない」といってきましたが、それが「安全神話」だったことは、今や疑う余地はありません。

アレバ社は東京電力と契約し、福島第一原発事故後の大量の放射性汚染水の処理技術を高額な値段で請け負ったといわれており、実力をしっかり見きわめたいものです。

28 大事故で出る保険金は損害額のわずか0.1パーセント

ドイツから PAR AVION

　1992年、ドイツの原発で破局的な大災害が起きた場合の損害額が見積もられた。健康被害、物損、金融資産の損失などを合計して、当時のマルクから換算すると2.5兆～5.5兆ユーロ（約260兆～580兆円）だった。これは、当時の経済省に、スイスのプログノス研究所＊が提出した数字である。

　では、ドイツのすべての原発事業者が加入している損害賠償保険の補償額はいくらだろうか。上限は、25億ユーロ。つまり、想定される被害額の0.1パーセントにすぎない。皮肉なことに、原発敷地内に止めてある自動車50台の保険のほうが、原発そのものより大きな補償額になる。

日本では............？

　福島第一原発の事故は、地域社会の崩壊という意味においても、単純にお金に換算できない被害をもたらしました。日本の社会、経済、そして私たちの暮らしもいまだ大きな影響を受け続けています。民間のシンクタンクである日本経済研究センターの試算では、今後10年間の事故処理費用は最大で20兆円としています。これは廃炉費用のほか、福島第一原発から半径20キロ以内の警戒区域の避難者への所得補償、土地の買い上げ費用などにもとづく試算で、それ以外の周辺地域、他県の産業、農林水産業などへの被害補償はまったく考慮されていません。

　日本は戦後の1950年代、アメリカの技術協力を受けて原子力発電を導入しました。そのアメリカでは、1953年12月に時のアイゼンハワー大統領が国連の演説で原子力の平和利用を唱え、原子力の商業利用に踏みきったものの、その後1960年代半ばまでは企業も電力産業もなかなか参入してこなかったといいます。障害となったのは、原発で大きな事故が起きた場合、一企業が損害賠償できる範囲を超えてしまうという問題でした。

　日本では損害賠償問題はあまり議論されてきませんでしたが、外国の保険会社も含め一民間保険会社では、また日本の保険業界だけでは、原子力保険はいっさ

＊　ヨーロッパでもっとも古い研究調査およびコンサルティング会社の1つ

い受けつけていません。日本を含めて世界中の保険会社を集めた「保険プール」という仕組みをつくり、損害発生時の保険金を世界中の保険会社から回収できるようにすることで、巨額の保険金額を担保しています。

　日本では20数社が参加していますが、それでも1事故あたりの賠償責任保険額は1事業所あたり最大1200億円にすぎません。また、地震や津波などによる損害は保険金の支払いを免責されています。そこで国が保険会社の役割を果たして、1200億円を限度に補償します。1200億円を超える額についても事業者に賠償責任がありますが、国が法律をつくって援助できる仕組みになっています。

　原子力損害賠償法の制定にあたっては、日本の原発で事故が起きた場合にどのくらいの被害が出るかを見積もる報告書が1960年にできましたが、あまりにも大きな被害となる試算結果だったため、審議中の国会には一部が報告されただけで全体はマル秘扱いとされて、この報告書は隠ぺいされました。

29 最悪の事故は いつ起きてもおかしくない

ドイツから PAR AVION

1989年発表の「ドイツ原子力発電所リスク調査フェーズB」に示された数字は、0.003パーセント。これは、旧西ドイツの原発1基が1年間に、技術的なミスによって最悪の事故を起こす確率だ。とても低い数字と思えるかもしれないが、EU諸国だけでも2007年末の時点で146基の原発がある。各原発が40年間操業したとすると、EU圏で最悪の事故が起きる確率は40年間で17パーセントを超えるのだ。

しかもこの数値には、原発で発生しうるさまざまなアクシデントのシナリオは想定されていない。すでに存在している老朽化による危険な劣化も計算外だ。スリーマイル島やチェルノブイリのように、ヒューマンエラーが引き金となって起こる事故についてもいっさい考慮されていない。

日本では………？

2011年10月、政府の原子力委員会の小委員会が、原発の発電原価に反映することを目的に苛酷事故のリスクコストを試算しました。その際、周辺環境に大量の放射性物質を放出する事故を日本の原発が起こす「発生頻度」はどれくらいか、条件を変えて5つの仮定で試算しているのです。そのうち、最悪の想定に、「日本の原発は10年に一度苛酷事故を起こす」というものも含まれていました。

日本では、これまで原発の苛酷事故はないものとされてきました。それゆえに、苛酷事故に対する対策は法的に義務化されず、「念のために」電力会社や民間企業が自主的努力で対応することを促してきただけでした。

2012年1月31日に原子力組織制度改革法案が閣議決定され、「これまで事業者の『自主的取組』としてきた事故発生時の対策を法令による規制対象に含めるなど、苛酷事故も考慮した安全規制への転換を図る」としています。

この改善されたような決定も、「原子力ムラ」といわれる、これまで原発を推進してきた集団が、口裏を合わせただけのものかもしれません。

第3章　事故と大災害のリスク

30 安全性ランキング 危険性ランキング

ドイツから　PAR AVION

　ドイツの原発は「世界でもっとも安全」なトップグループに入る？　まさか!?　世界と比較しても、むしろ危険な部類なのだ。
　1997年に経済協力開発機構（OECD）が、世界の原子力の安全性に関する報告を発表した。それによると、ドイツの標準として比較対象になったビブリスB原発は、炉心溶融に対する防護の項目で最悪の評価点だった。専門家たちは、水素爆発の可能性がとりわけ高く、鋼鉄製の原子炉格納容器の安定性が著しく低いと判定した。つまり、ビブリスBは「炉心溶融の際、放射性物質が大量に飛散する危険性がきわめて高い」ということだ。

日本では………？

　福島第一原発事故後に安全性をチェックするため、3か月間停止されたドイツのビブリスB原発（1977年より運転開始）は、結局、完全に停止されることになりました。ビブリスB原発で使用しているのは、加圧水型と呼ばれる軽水炉です。
　日本の商業原発も、すべて軽水炉と呼ばれる型の原子炉です。軽水炉には、沸騰水型（BWR）と加圧水型（PWR）の2種類がありますが、日本の原子力導入初期には、アメリカのウェスティングハウス社からは、加圧水型の売りこみがあり、もうひとつの沸騰水型の原子炉メーカーは、同じくアメリカのゼネラル・エレクトリック社（GE）でした。
　2つのタイプのどちらを導入するかについては、火力発電時代からの取引が踏襲されたのです。
　この原子炉の決め方ひとつとってもわかるように、性能の優劣より「つきあい」が重視され、しかも、安全面から見ると、じつはどちらもそれぞれ深刻な欠陥があり、「より安全」な原発ではありませんでした。「安全性ランキング」では、どっこいどっこいというわけです。では、「危険性ランキング」なら、どうでしょう？
　ナンバーワンは、だんぜん高速増殖炉になるでしょう。

31 雷、豪雨、噴火……自然災害に弱い原発

ドイツから PAR AVION

　原発の停電、つまり非常用電源が必要になる事態は、稼働中の原発にとってもっとも危険な状況の1つだ。もし非常用電源が正常に動かなかったら、炉心を冷却できなくなり、炉心溶融のリスクが一気に高まる。しかしこうした非常事態は、ただの雷雨でひき起こされることもあるのだ。

　ドイツ西部の原発では1977年から2004年までの間に8回も、重要な制御系の装置が嵐や落雷をきっかけに機能不全になり、非常用電源が動くか、あわや全電源喪失かという、恐れていた緊急事態に陥った。1977年1月13日のグンドレミンゲン原発A炉のケースはその典型だ。また、洪水が引き金になることもある。大西洋岸にあるフランスのブレイエ原発では、洪水になるとよく冷却装置が一部停止する。

日本では……？

　日本には、地震のほかにもうひとつ忘れてはならない災害があります。火山国である日本には、富士山をはじめとする110の活火山があります。長崎県の雲仙岳では1991年に、41名もの人が亡くなりました。また、三宅島では、2000年の噴火によって全島民が島外へ避難しました。富士山の噴火も心配です。

　火山の噴火でもっとも深刻なのは、火砕流（かさいりゅう）です。これは、高温の火山灰や溶岩が、火山ガスといっしょに斜面を猛スピードで流れ落ちる現象で、時として時速100キロメートルにもなります。

　そうはいっても、火砕流は原発にまで届かないのでは、と思うかもしれません。ところが鹿児島県の川内（せんだい）原発や青森県の六ヶ所村の再処理工場の地層には、火砕流の痕跡が確認されています。しかも、ひとたび火山が噴火して、火山灰が大量

第3章　事故と大災害のリスク

に降れば、原発の排気筒などが詰まってしまうおそれもあります。政府の作成した「原子力発電所火山影響評価技術指針」は、川内原発や玄海原発に火山灰が降ることにもふれています。

　アメリカでは2011年４月27日、アラバマ州にあるブラウンズフェリー原発の３基が、竜巻の影響で外部電源を失い、自動停止しています。最近は日本でも各地で竜巻がたびたび起こります。竜巻によって、送電線が破損する可能性もあります。

　また、2011年の夏には、長雨や台風で、各地に洪水が起きました。2011年はタイでも大洪水があり、激しい浸水が起こりましたが、日本でも近年はゲリラ豪雨や台風などによる、大洪水、大規模浸水が十分考えられます。

　火力発電所など、原発以外の発電方法であれば、大規模な自然災害にあっても、止まってしまうだけです。災害が過ぎればすぐ復旧に取りかかることができます。けれども原発は、そうはいきません。

　今回の福島第一原発の事故のように、緊急停止したとしても大変な災害をもたらし、放射性物質が外に出てしまえば、周辺住民の生活が永遠に奪われてしまう可能性もあるのです。

32 爆発が起きても利益を優先　安全は二の次

ドイツから PAR AVION

　2002年の初め、ブルンスビュッテル原発に立ち入り検査した調査団は、原子炉圧力容器のすぐそばの配管を目にして顔面蒼白になった。直径10センチ、肉厚5～8ミリという配管が、3メートルにわたって原形をとどめず、25個の破片と化していたのだ。原因は、2001年12月14日に起きた水素爆発だった。

　当時の原発事業者ハーエーヴェー（HEW　現ヴァッテンファル　Vattenfall）は最初、「経年変化で摩耗したパッキンからの冷却水漏出」と報告し、その配管系を封鎖したものの、原子炉はそのまま運転を続けた。時は冬、電力需要が増えて、電気の市場価格は記録的な高値に達していた。まさに稼ぎ時だったのだ。

　北部の都市キールにある原発の監督官庁が強い圧力をかけた結果、HEWは事故から2か月たってようやく運転を停止し、立ち入り検査が実施された。その後、この原発は13か月にわたって操業停止になった。

日本では……………？

　どうして原発事業者は人びとの安全よりも、利益を優先するのでしょうか？
　配管破断は原発の弱点ともいわれ、浜岡原発（中部電力）や美浜原発（関西電力）など老朽化した原発では、配管破断による事故が今までにもたびたび起きています。とくに美浜原発3号機では、2004年8月9日、突然配管が破断し、噴出した蒸気で5名の作業員が死亡し、6名が重傷を負う大事故を起こしました。
　東京電力は、福島第一原発事故の原因は、「津波であり、地震では大丈夫だった」といっていますが、「地震による配管破断」の可能性が国内外から指摘されています。しかし、そうなると地震大国である日本では、原発の耐震設計を見直さなければならず、すべての原発を停止せざるをえなくなります。
　「安全よりも利益」という点では、福島第一原発事故後、海水注入を検討したにもかかわらず、炉が使えなくなることを問題視して、注水が遅れに遅れました。自分たちの「資産」である原発の炉を守るために、安全を後回しにしたのです。

第3章 事故と大災害のリスク

33 人的ミスは避けられず それでいて人頼みの原発

ドイツから

　人はミスをするものだ。バルブの操作を間違う、危険信号を見落とす、スイッチを入れ忘れる、指示内容を勘違いする、対応を誤る……。技術や機械でなく、人間が犯すミスが、きわめて危険な事態をひき起こすケースが原発では多々ある。計算どおりにはいかない人間がかかわっているので、リスクも計算ができない。
　とはいえ、ひとたびトラブルが発生すると、そんな人間を頼るしかないのだ。炉心溶融を回避するために、日常の作業とは異なる緊急事態の対応を、作業スタッフにしてもらわなければならない。
　原発には、絶対にミスをしない完璧な人間が必要だ。しかし、そんな人間は存在しない。まして極度のストレスを強いられる原発の非常事態で、ミスをしない人間などどこにいるだろう。

日本では………？

　原発では多くの作業を人間の手仕事に頼っています。日本では、1999年9月30日東海村JCO核燃料加工施設で起きたレベル4の臨界事故（2名死亡）や、1978年11月2日東京電力福島第一原発3号機臨界事故などが起きました。人為ミスで起きた事故の一例です。ところが、「大事故は起こらない」というのが電力会社の前提でしたから、大事故に備えた準備や訓練はほとんどされていません。
　そんななかで福島第一原発事故が起こったのですから、高い放射線量のもとで、マニュアルもなく、やったことのない作業を、図面を確認しながら暗闇のなかで行なうことになります。実際に1号機では、全電源喪失で圧力が上がったときに緊急に圧力を下げるベントが、ボタン操作できず手作業で試みられました。
　多くの現場作業員が、国の存亡がかかっている苛酷事故という重圧のなか、寝不足や床での休息、粗末な食事に耐えながら作業を行ないました。線量計が足りず、1グループで1名だけ線量計を持つという、ずさんな被ばく線量管理のもとで作業が続けられました。

34 電力会社の規則違反は日常茶飯事

ドイツから PAR AVION

　一部の原発では長年、組織的に操作規則違反を続けている。
　原発には緊急時に備えて、炉心に濃縮ホウ酸水を大量注入するためのタンクがあるが、ドイツのフィリップスブルク原発では17年もの間、タンクのホウ酸を十分な濃度にしないまま操業を続けていた。濃度が足りないホウ酸水を炉心に投入することは、火に油を注ぐのと同じ効果があるというのに。
　事業者はそんなことなどおかまいなしだ。それどころか、むしろ故意に、操作マニュアルで指示された手順を無視する。ほかの原発でも、数年にわたって適正な濃度のホウ酸を入れていなかったため、緊急炉心冷却システムが満足に機能していなかったという調査報告が多数ある。

日本では……？

　ホウ酸といえば、日本では福島第一原発事故が起こったときに、韓国から53トン、フランスから100トンのホウ酸を緊急支援してもらいました。つまり、国内には、大事故に備えて十分なホウ酸の用意がなかったということです。しかし、政府の事故調査・検証委員会の中間報告では、ホウ酸の備蓄不足についてはまったくふれられていません[*]。
　日本でも原発内での規則違反は枚挙にいとまがありません。
　2002年には、炉心隔壁のひび割れなど、東京電力が29件もの違反を隠していたことが発覚。そのため2003年4月に東京電力管区の17基の全原発が停止され、長期にわたって検査を受けました（それでも計画停電などにはなりませんでした）。さらに、2007年には、臨界事故を含む50件もの法令違反が明るみに出ました。
　話をホウ酸に戻しましょう。ホウ酸はゴキブリ駆除剤としておなじみですが人間が吸いこむと吐き気や下痢などの症状が起きます。当然、事故を起こした原子炉を冷却するため、海水とともに大量に注入されたホウ酸は海に流出し、海洋汚

[*]　「東京電力福島原子力発電所における事故調査・検証委員会　中間報告」は以下でも参照できます。
http://icanps.go.jp/post-1.html

染の原因になりました。水に溶けたホウ酸の除去は比較的簡単にできるそうですが、東京電力は「低濃度なので除去する必要はない。毒性も弱い」と繰り返すばかりで、処置を怠っています。環境省も立ち入り検査もせずに放置したままです。

　ほかにも、原子炉の金属腐食を防ぐ目的でヒドラジンという物質が入れられました。これらの化学物質による海洋汚染も、海の生態系に大きなダメージを与えています。

　東京電力の担当者は、放射能に関しては「可能なかぎり浄化する」といっていますが、化学物質に関しては「現時点ではとくに検討していない」ということです。

COLUMN
企業ぐるみのデータ改ざん 事故隠し

　福島での事故後、毎日のように国や電力会社から原発の状況について、さまざまな発表が続いています。しかし、新聞などの調査ではこうした発表を「信用できない」と考える人が少なくありません。事実、炉心溶融の有無など、重大な隠ぺいがあったことが、徐々に明らかになりました。

　こうした、事故を過小に見せる発表や事故そのものを隠すこと、そして検査などのデータの改ざんは、今日に始まったことではありません。

　そんな例の一端をあげてみましょう。たとえば、1973年3月に関西電力の美浜原発1号機であった燃料棒損傷事故は、4年近くたってから発覚しています。また、1990年代に海外で炉心隔壁（シュラウド）のひび割れが問題となり、1993年には福島第一原発2号機での損傷が発表されるものの、1997年に3号機で損傷が見つかったときには報告されないままでした。

　1995年には、「もんじゅ」でナトリウム漏れの重大な事故が起きていますが、事故を小さく見せるための情報操作がありました。事故後、最初に公開されたビデオはごく一部にすぎず、後から公表された映像では、大量のナトリウムが漏れて火災になり、空調ダクトに穴があいてい

るという衝撃的な状況だったのです。

　1997年には、東海村の再処理工場の火災・爆発事故でいくつもの事故隠しや虚偽報告が見つかります。同じ年には、プルトニウムの輸送容器の検査データのねつ造も発覚しました。

　近年で記憶に新しいのは、2000年に内部告発によって発覚した福島第一原発の1～3号機についての29件の虚偽の報告です。この時、東京電力の職員100人近くが隠ぺいを知っていたことも後の調査で発覚。隠ぺいが企業ぐるみであったことがうかがえます。

　原発にまつわる嘘の報告は、設計時点でも行なわれていたようです。浜岡原発2号機の設計段階で、その土地の岩盤が地震に耐えられない強度であったにもかかわらず、データを偽造して「耐震性に問題なし」としたと、エンジニアが後に告発しました。

　定期点検においてもマニュアル違反の制御棒の操作が行なわれていたと、新聞記事で明るみに出ました。安全性より効率を優先した結果だそうで、データ操作やプログラム改変は日常的だったといっています。

　一歩間違えれば多くの犠牲を生み出す危険なものと向き合っているという認識は、電力会社の現場にはなかったようです。そんな惰性の積み重ねが、ついに福島の事故を生んでしまったにちがいありません。

35 些細な電気系統のミスが深刻な事態を招く

ドイツから PAR AVION

2006年の夏、ヨーロッパは原発事故による大惨事の一歩手前までいった。スウェーデンのフォルスマルク原発で、配線の設計ミスのために回路がショートし、本線も停電した後、非常用電源が始動しなかったのだ。あと数分で炉心溶融が始まるところだった。

これはけっして特殊なケースではない。ドイツのブルンスビュッテル原発では1976年の操業開始以来ずっと電気系統に欠陥があったため、緊急炉心冷却系も二次冷却系も、非常用電源が満足に機能していなかった。ビブリス原発でも、電気系統では接続ミスやずさんな工事など、さまざまな配線トラブルが報告されている。

日本では……………？

原子炉の圧力容器の下は非常に複雑な配線と配管が通っています。テレビでその映像を観て、びっくりした記憶があります。大変に複雑なものですから、日本でも、これまでにたくさんの電気系統のトラブルが起こりました。

でも、そんな高度なトラブルとは別に、素人でもあきれるような配線ミスが、福島第一原発では事故後に発覚して、国民を唖然とさせました。

ケーブルが短かったために、東日本大震災の起こる4か月前から非常用バッテリーをメディアコンバーター（MC）という装置につないでいなかったというのです。このことによってMCから国の緊急時対策支援システム（ERSS）に情報を送れませんでした。この情報は、緊急時迅速放射能影響予測ネットワークシステム（SPEEDI）に送信され、放射性物質の拡散予測にも使われるものです。そこに情報を送れなかったために、放射能拡散の予測に影響をおよぼしたのです。

さらに驚いたのは、東京電力の「電源ケーブルを手配しなければいけないという認識はあったが、3月11日までにはできなかった。完全に忘れていたわけではない」というコメントです。

第3章 事故と大災害のリスク

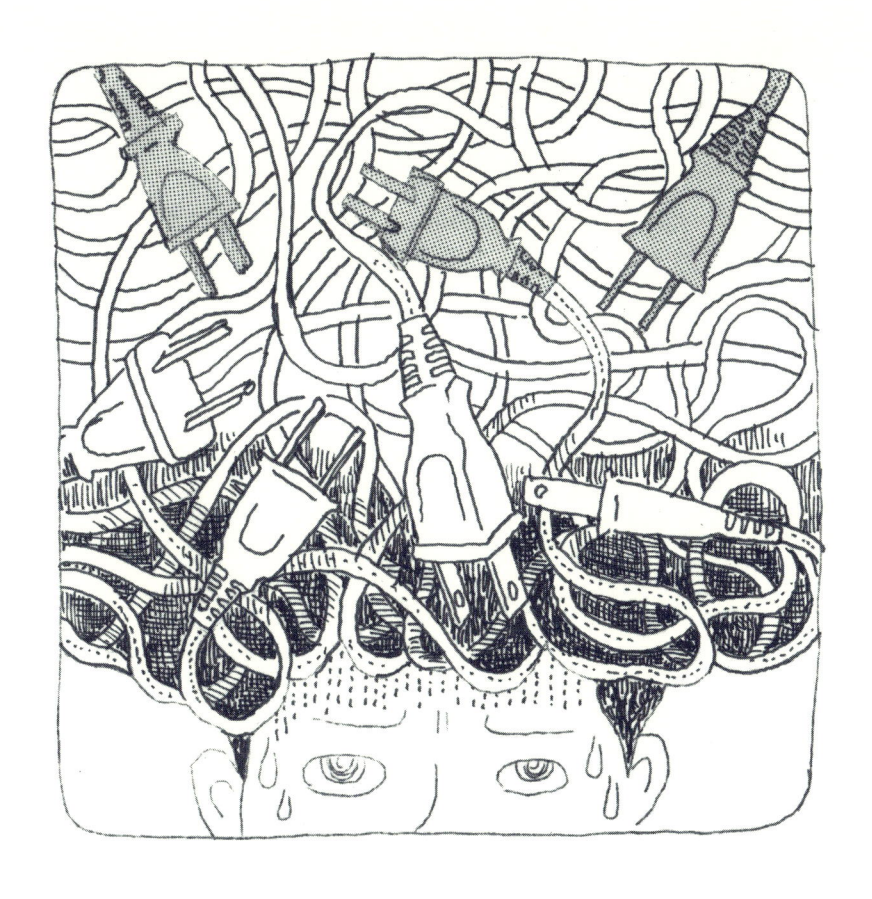

　ERSSは国が原発事故に備えて155億円もかけて整備してきたもので、全原発の原子炉の圧力や周辺の放射線量の状況などを一元的に把握し、事故情報を予測するシステムです。ケーブルが足りないことがわかっていたにもかかわらず、つながなかったという東京電力には、原発を運転しているという責任が感じられません。また、このことで行政機関による原発の規制やチェックがまったく機能していなかったことも明らかになりました。
　この日本の事例は、ヨーロッパのような原子炉本体にかかわる事故とは次元がちがうという人がいるかもしれません。でも、単純なケーブルをつなぐことを怠った会社が、複雑な原子炉の配線をどうやって管理できるのでしょうか。

36 ドイツでの大事故は
チェルノブイリよりも深刻

ドイツから PAR AVION

　チェルノブイリ原発事故では、原子炉内に入っていた黒鉛が炉心爆発後に炎上し、そのために噴き上げられた放射能雲（大量の放射性物質の集まり）は成層圏にまで達した。一方、ドイツの原子炉内には黒鉛が使われていないので、成層圏にまで達することはない。別のいい方をするなら、放射能雲は低空にとどまり、半径数百キロメートルの範囲で、きわめて高濃度の放射能汚染が発生するということだ。

　しかもドイツの人口密度は、チェルノブイリ原発の周辺地域より7倍も高い。とくに原発が集中するライン・マイン地域の人口密度は30倍もある。つまり、チェルノブイリ原発事故よりもはるかに多くの人が、より高線量の放射線にさらされることになるのだ。

日本では……？

　福島第一原発の周辺に位置する6つの市町村＊の土壌からは、チェルノブイリ原発事故を上回る高濃度の放射性セシウムが検出されています。ちなみに、チェルノブイリ居住禁止区域（強制移住）の基準値は148万ベクレル／平方メートルですが、大熊町では、その10倍を超える1545万ベクレル／平方メートル（セシウム137）という高い値が出ました。

　福島第一原発事故では西風に乗り、かなりの放射性物質が太平洋側に降り注ぎました。また、飛び散った放射性物質だけでなく、緊急冷却後の汚染水なども大量に海に流され、「海のチェルノブイリ」とも呼ばれる、深刻な海洋汚染をひき起こしています。そして、偏西風に乗った放射能は、すでに地球を何周も回り、世界中を汚染しています。

　日本海側には、「原発銀座」と呼ばれるほどたくさんの原発が建っていますが、そこでひとたび事故が起これば、西風に乗り、人口密集地帯の関西の中心地や関東の首都圏を直撃するでしょう。

＊　浪江町、双葉町、大熊町、富岡町、飯館村、南相馬市

37 大事故が起これば数百万人に健康被害がおよぶ

ドイツから PAR AVION

ドイツ連邦経済省が委託した調査で、チェルノブイリ原発事故のデータにもとづき、ドイツで最悪の原発事故が起きた場合の健康被害を試算した。

それによると、たとえばビブリス原発で最悪の事故が発生した場合、がん発症者が480万人増加するという結果が出た。もちろんそれ以外に、被ばくや避難や家庭を失うことにより、直接間接の健康被害も発生する。

日本では……？

原発事故の直後は、外部被ばくを避けることに注意が向きがちです。ところが、事故直後から、鼻や口や粘膜から放射性物質が侵入する内部被ばくを防ぐことが重要だといいます。しかも、内部被ばくを防ぐことは、長期間にわたって継続して行なわなければならないものです。

2011年6月30日、市民団体6団体が、福島の子どもたちの尿検査結果について発表しました*。検査対象は、事故当時、福島に住んでいた6〜16歳の10人の男女です。その結果、10人中10人の尿からセシウム134（半減期2年）、セシウム137（半減期30年）が検出されました。このことは、福島市周辺の子どもたちにきわめて高い確率で内部被ばくの可能性があることを示しています。

また、被ばくによる影響として、がんばかりが注目されますが、肝臓、腎臓、心臓などの疾患リスクも高まるうえに、風邪をひきやすい、治りにくい、だるい、肩がこるなどの症状もひき起こします。免疫低下からひき起される症状ですが、子どもたちの鼻血、下痢、嘔吐、咳、皮膚炎なども懸念されます。

しかし、このような症状は被ばく以外でも起こるために因果関係が立証しにくく、被ばくが原因だと断定することは難しいとされています。

* 子どもたちを放射能から守る福島ネットワーク、福島老朽原発を考える会、FoEJapan、グリーン・アクション、美浜・大飯・高浜原発に反対する大阪の会、グリーンピース・ジャパンなど6団体による参議院議員会館での会見

38 破局的な大事故による暮らしの喪失 故郷の消滅

ドイツから PAR AVION

ひとたび原発で破局的な大事故が起これば、数万平方キロメートルもの土地が永久に居住できなくなる。ドイツの場合は数百万人が自宅や職場を失うだろう。

住まいを奪われた人たちはどこに身を寄せ、どこで仕事をし、どこに新しい家庭を見つければよいのか。誰が彼らの体調をケアするのか。誰が彼らの受けた損害を補償するのか。電力会社が賠償しないことだけは確かだ。電力会社はとっくに倒産しているのだから。

日本では………？

福島では、わかっているだけで11万4460人もの人びとが故郷を失いました。今まで、長い時間をかけて築いてきた人びとの生活は、根底からくつがえされたのです。福島県以外でも、この事故により、関西以西に移った人が数多くいます。

東京電力は事故後、2012年の4月現在、倒産こそしていませんが、損害賠償について積極的に進めようとする姿勢は見られません。2011年9月12日に6万世帯に発送された損害賠償請求の申請書は200ページを超え、煩雑で、個人での記入は難しく、批判を浴びるものでした[*1]。また、原子力損害賠償紛争審査会は、政府の避難指示対象区域外の住民に対する賠償について、指針を決めました。提示された額は、2011年度分として、「大人1人8万円」です[*2]。しかも損害賠償の原資の大半は、税金や電気料金上乗せなどで、国民の負担となるでしょう。

有機農家が無農薬、無化学肥料で健康的な土壌をつくるために30年かけてきたとしても、セシウム137は今後30年たっても半分にしか減りません。セシウム137が1000分の1になるには半減期の10倍、つまり300年かかります。自然界に与えたダメージなど、お金で解決できない問題もたくさんあります。

---

*1 損害賠償請求は申請書部分だけでも60ページ近くあったので、批判を受けてページ数を減らした
*2 1回分の補償額で、今後については未定。18歳以下の子ども・妊婦には1人あたり40万円

第3章 事故と大災害のリスク

39 緊急事態において数時間で住民が避難するのは不可能

ドイツから PAR AVION

　原発の緊急時避難計画では、事故が起きてから数日間は地域住民が避難できるように、放射能雲を原子炉内に閉じこめておくことが可能であるとしている。
　しかし、飛行機の衝突や地震、あるいは爆発によって原発が破壊された場合はどうだろう。また、クリュンメル原発で危機一髪だったように、もしもあっという間に格納容器から炉心貫通（メルトスルー）してしまったら？　その場合は天候次第で数時間のうちに、危険地域一帯から住民が全員避難しなければならない。
　放射性物質拡散予測の新システムによると、このような緊急事態では、原発から25キロメートル離れていても、家屋のなかにいてさえ、数時間のうちに半数の住民が、死にいたる放射線量にさらされるという。しかも放射能雲がその圏内でとどまるわけではないのに、圏外の地域には避難計画すら存在しないのだ。

日本では……？

　原発事故が起こったときに、どの範囲までが危険かという判断は、とても難しいものです。ですが、その判断が被ばく量を、生命を左右します。
　福島第一原発の事故の直後、避難区域の設定は大きく迷走しました。3月11日、最初は原発から半径3キロの区域に避難指示が出て、3〜10キロまでは屋内避難指示が出されました。しかし、翌12日以降、爆発や建屋の崩壊などの事態にいたり、避難区域は10キロ、そして20キロまで拡大されていきました。
　ところが原発から放出された放射性物質は、同心円状に広がるのではなく、風向きによって、はるか遠くまで運ばれます。たとえば、後に高濃度放射線量が確認された飯舘村は原発から約40キロの距離にあり、避難指示が後回しになって、高い放射線量のなかで長期間にわたる屋内退避を強いられました。
　放射性物質の動きを把握するのに役立つというSPEEDIのデータは、まったく

避難区域設定には活用されませんでした。政府の対策本部に、その存在が知られていなかったのです。一方、事故直後の3月14日、アメリカ軍には外務省北米局の外務事務官を通じてSPEEDIのデータは刻々と知らされていました。

　福島県の浪江町は立地市町村ではありませんがトラブルに備えて、情報を速やかに連絡してもらうよう東京電力と通信連絡協定を結んでいました。しかし、事故に関する連絡はいっさいなく、放射性物質がより多く飛散する北西方向へと町民が避難しました。住民8000人は、防げたはずの無用な被ばくをしてしまったのです。SPEEDIのデータを浪江町長が知らされたのは、事故の2か月後でした。

　今回の経験から、避難計画を30キロ圏に広げようという話が出ました。ですが、30キロに設定した場合、どの地域においても道路が渋滞し、区域内の住民の速やかな避難も、避難先の確保も実質的に不可能です。

　佐賀県の玄海原発に近い長崎県松浦市の鷹島では、避難のために渡る橋の途中から、10キロ圏内に入り、原発にさらに近づいてしまいます。また、橋自体が警戒区域になってしまい、通行禁止となります。これでは島に閉じこめられるおそれもあります。船で避難するにしても、津波や時化では逃げられません。

　また、北海道の泊原発では、冬季の積雪時に避難を必要とする事故が起これば、山側の峠道が通行止めになっているため、原発のすぐわきを通らなければ避難することはできません。積雪量の多い日本海側の原発にも、同じような問題があります。そういう場所では、国が避難基準を示しておらず、具体的な備えは、福島第一原発事故後もできていません。福島第一原発の事故で自身が避難者となった、日本原子力産業協会・参事の北村俊郎氏は、「速やかな避難が不可能であれば、どんなに地震・津波対策をしても、意味がない」と語っています。

避難シミュレーションができるサイト

　皆さんが暮らす場所は、原発からどれぐらい離れていますか？　一番近い原発はどこでしょうか？　そんなことを調べられる便利なサイトがあります。

　あなたの住所を入力して、原発や核関連の施設を選べば、その間の距離がどのくらいあるかがわかります。

　もしもの場合のシミュレーションをしておいてはいかがでしょう。

日本の原子力発電所からの距離
http://arch.inc-pc.jp/004/index_11.html

第3章 事故と大災害のリスク

40 ヨウ素剤は事前配布 されなければならない

ドイツから PAR AVION

原発事故で緊急避難となったときは、家を出る前にヨウ素剤を飲まなければならない。被ばくする前に飲めば、放射性ヨウ素による甲状腺障害を軽減できる。
しかし、あらかじめヨウ素剤が配布されている一般家庭は、原発周辺のごく狭い範囲に限られる。それ以外の地域では市役所に保管されているか、さもなくば事故後の調達に頼るしかない。だが、緊急時避難計画で自宅退避になれば、ヨウ素剤を受け取りに行くことも簡単ではないのだ。

日本では............？

　放射性ヨウ素というのは、原発で事故が起こったときに大気中に放出される放射性物質のうち、呼吸などで体内に吸収されやすいものとして、注意が必要だといわれているものです。放射性ヨウ素による影響がとくに大きいのは成長の早い子どもたちで、小児甲状腺がんのリスクが高まります。ヨウ素剤を飲むのは、放射性ヨウ素を取りこみやすい甲状腺を、あらかじめ放射線をもたないヨウ素剤で飽和しておき、内部被ばくを避けるという予防的措置です。

　日本では、福島の事故の以前から安定ヨウ素剤の備蓄が十分にあったといわれています。にもかかわらず、政府は3月11日の事故から5日目まで、原発周辺の自治体に錠剤の配布、服用を指示しませんでしたし、自治体が判断する材料さえ出しませんでした*。被ばくする前に飲んでこそ、効果のあるのがヨウ素剤です。飲むタイミングがずれると効果はありませんし、服用後、効果が続くのは24時間です。

　原発事故や放射性物質に対する基本的な知識が住民にあって、事故の情報が正確かつ迅速に公開されることが、ヨウ素剤を適切に活用できる条件です。ところが、「重大事故は起きない」ということで、具体的な対策がおろそかにされてきました。そんな姿勢が、無用な被ばくを人びとに強いてしまったのです。

＊　三春町、いわき市、富岡町は独自の判断で配布した

41 大事故は国民経済を崩壊させる

ドイツから

> ドイツで破局的な原発事故が起これば、その損害額は2.5兆〜5.5兆ユーロに達する。これは20年前にプログノス研究所が、ドイツ連邦経済省から委託を受けて試算した結果だ。その後の物価上昇率を考えると、今日では確実にこの金額ではすまないだろう。近年の世界的経済危機の時、経済大国上位20か国がとった緊急景気刺激策の金額と比べてみると、この金額がいかに大きいものかわかるだろう。20か国全部合わせて、支出総額は3.5兆ユーロだったのだ。

日本では……………？

　放射性物質は、海、山、大地を広範囲に汚染するわけですから、漁業、林業、農業に従事する人たちにとっては死活問題です。原発事故後、3月24日に福島県須賀川市でキャベツ農家の64歳の男性が自殺、6月11日にも相馬市の酪農家の50歳代の男性が「原発さえなければ」と書き残して自殺しました。

　第一次産業ばかりではありません。海外からの旅行者は日本を避け、観光業に打撃を与えました。国内の旅行者も、関東・東北を避ける傾向にあり、修学旅行先として人気の高い日光に行くのをためらう小学校も多くあります。

　また、福島第一原発から45キロ離れた福島県二本松市のゴルフ場では、芝が汚染されたために予定していたトーナメント戦を開催できず、年間3万人だった来場者が激減、休業に追いこまれました。ゴルフ場は東京電力を提訴しましたが、東京電力は「原発から飛び散った放射性物質は当社の所有物ではない。所有権があったとしても、すでにその放射性物質はゴルフ場の土地に付着しているはずである。つまり、無主物である」と主張し、除染の責任を拒否しました。

　工業製品も例外ではありません。日本からの工業製品の輸入を自粛する国や、放射能検査を義務づけた国も多くあります。

　ほかにも、除染費用、医療費など、数え上げたらきりがないほどの経済的な損失です。最悪の事態を想定すれば、安全コストは無限大になるともいわれます。

第4章
放射性廃棄物 と 処分

この章で取り上げるのは、原発を稼働させると否応なく生み出される使用済み核燃料や放射性廃棄物の問題です。その処分が、いかに困難なものであるかがよくわかります。使用済み核燃料については、その「解決策」とされる再処理が、じつはさらに危険を増大させ、問題を複雑にしているということなども、くわしく掘りさげます。

42 増える一方の膨大な放射性廃棄物

ドイツから PAR AVION

　原発からは大量の放射性廃棄物が発生する。ドイツの原発は高レベル放射性廃棄物である使用済み核燃料を、これまでに合計約1万2500トン生み出してきた。さらに毎年、運転中の原発から新たに500トンずつ増えていく。それ以外に、低・中レベルの放射性廃棄物もすでに数千立方メートルたまっているほか、大気中や水中に放出される放射性物質もある。
　ほかにもウラン鉱山の選鉱クズなどの残土、ウラン濃縮工場から出る劣化ウランもある。もちろん原発の施設自体もいずれは廃炉が決まると、「処分」しなければならない放射性廃棄物となる。
　原発の排気筒から大気中に放出されたり、温排水として水中に放出された放射性廃棄物はカウントもされず、処分のしようもないまま累積していく。

日本では⋯⋯⋯⋯?

　日本では、各原発に貯蔵されている使用済み核燃料がすでに計1万4200トンあり、これに毎年新たに増える使用済み核燃料が1000トン。使用済み核燃料プールに保管できる最大容量は2万630トンですから、運転が続けられれば、あと6年ほどしか余裕がありません（2011年9月末現在）[*1]。

　このほか、作業着、交換した部品、掃除に使った水やぞうきんなどの低・中レベルの放射性廃棄物もあります。

　ちなみに日本では、原発施設内の掃除や作業着などの洗濯に使用した水は、温排水といっしょに海に捨てられています。「薄めてしまえば、基準値を下回る」というやり方は、事故前から行なわれていたのです。

　廃炉までの年月は、海外では約30年とするところがあります。日本の原発の稼働年数を40年に制限しようとする原子炉等規制法（炉規法）改正案が国会で審議されています（2012年5月現在）[*2]。とすると、耐用年数を迎えた原発から順に廃炉となり、原発自体が巨大な放射性廃棄物となるのです。

＊1　各原発の核燃料プールのほか、六ヶ所再処理工場に2860トンの使用済み核燃料がある（貯蔵可能容量3000トン）
＊2　2012年1月17日には、例外的に20年の延長を認め、最長で60年とする政府方針が発表された

第4章　放射性廃棄物と処分

43 放射性廃棄物は無害化されたことはない

ドイツから PAR AVION

　1950年代半ば、「核の平和利用」の黎明期には専門家たちが、放射性廃棄物は「食品の鮮度を長持ちさせる」のに役立つなどと主張して、放射性廃棄物の処分法に対する批判や疑問をかわしていた。
　こうして処分問題を棚上げにしたまま、次々と原発が建てられていった。以来、安全に廃棄された放射性廃棄物はいまだ1グラムもなく、たまりにたまった廃棄物は今、ドイツでは数百万トンにものぼる。
　ドイツの法律では、放射性廃棄物を安全に処分できないかぎり、原発を稼働してはならないと定められている。そこで「安全廃棄処理の証明」として、原子力業界はこれまでさまざまな処分場の選択肢を提示してきた。
　たとえば、地下水が浸水して崩壊寸前になり、閉鎖されたニーダーザクセン州の放射性廃棄物処分場アッセⅡ、海外への持ち出し、使用済み核燃料をキャスク*1に入れて保管する地上の「中間貯蔵施設」建設などもあった。

日本では……？

　ドイツでは、原発建設を加速させるために、食品への放射線照射は鮮度保持になると宣伝されたのですか？　日本でも、北海道の農協1か所だけですが、食品への放射線照射が認められています。ジャガイモの発芽を止めるために使われていますが、玉ねぎをはじめとするさまざまな食品でも、殺虫・殺菌・発芽抑止などの目的で利用できないかと、研究が続けられています*2。
　これは実際の放射性廃棄物を使っているわけではないのですが、「放射線を人間の生活に便利に利用できる」と証明をすることで、原子力の利用推進を図っているようにも受け取ることができます。
　日本では1960～1970年代にかけて、原発を推進し、強引に稼働させてしま

*1　放射性物質の輸送、および保管容器（**49**参照）
*2　放射線照射をされたジャガイモを食べても内部被ばくすることはないが、長期間食べ続けた場合の影響は不明

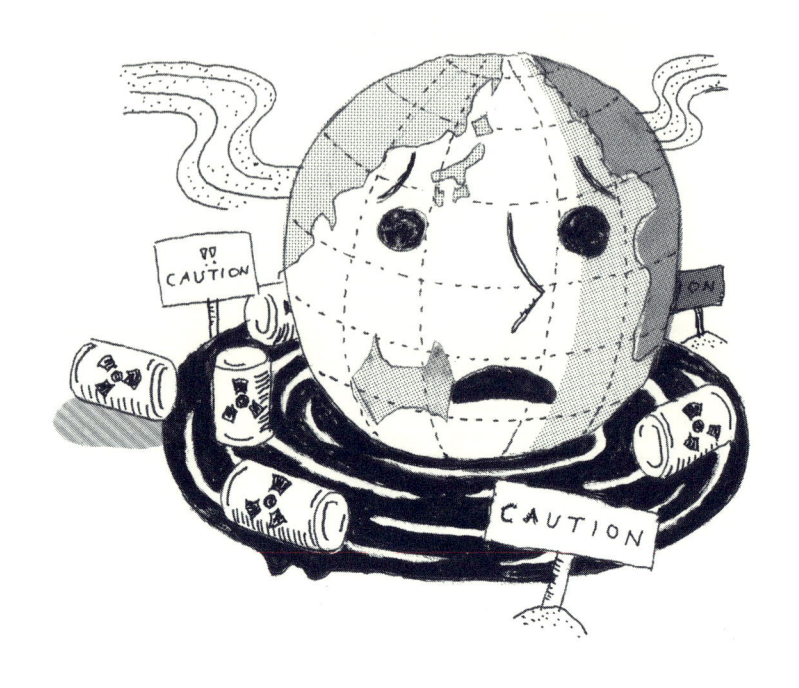

いました。一方、放射性廃棄物の処理を批判されると、青森県六ヶ所村に再処理工場をつくりました*3。しかし、再処理工場は度重なるトラブルが続き、本格稼働は延期されたままです。

　仮に六ヶ所再処理工場が稼働しても、処理できるのは1年間に800トンまで。日本で1年間に出る放射性廃棄物の量は1000トンですから、追いつきません。おまけに再処理の技術*4はいまだ研究途上で、原発そのものよりさらに危険なものです。

　高知県東洋町では、2007年に高レベル放射性廃棄物の最終処分場候補地への応募を、町長が突然表明しました。そして、それがきっかけとなり町長選をやりなおしました。また、北海道幌延町や岐阜県瑞浪市には、高レベル放射性廃棄物の最終処分に関する研究施設がありますが、研究施設が最終処分場に変わるのではないかと、周辺住民を不安に陥れています。

*3　青森県六ヶ所村では、低レベル放射性廃棄物の埋設や高レベル放射性廃棄物のガラス固化体（**44**参照）の保管も行なっている
*4　プルトニウム型原爆や水爆を製造するには必須の技術。核保有国以外では、日本のみが再処理方針を保持している

第4章　放射性廃棄物と処分

44 放射性廃棄物の最終処分は場所も技術も未解決

ドイツから PAR AVION

　高レベル放射性廃棄物が人間や環境にとって完全に無害になるように処分するには、どうすればいいのか。人類が核分裂を発見してから70年以上たった今なお、その答えは見つかっていない。

　適切な処分場が定まらないのも当然だ。原子力推進派の懸命な主張とはうらはらに、放射性廃棄物の最終処分場に関しても安全性の問題が次々と明らかになってきて、どれもまだ解決できていない。

　たとえばアメリカでは、ネバダ州ユッカマウンテンに最終処分場をつくる予定だったが、人間の健康も環境も深刻な危険にさらされるためにプロジェクトを中止した。スウェーデンも放射性廃棄物を花崗岩層に保管する構想を結局断念したようだ（**61**参照）。

　ドイツの最終処分場候補地であるゴアレーベンでは、岩塩ドームの中心部よりも上に地下水脈があり、この岩塩採掘跡地での調査はいったん凍結になった。その後再開されたが、採掘跡の空洞に大規模な地下水の浸水がある。閉鎖された最終処分場アッセⅡでは地下水が頻繁に流入して問題が起きた。

　この経験に学べば、ゴアレーベンが最終処分場として適性かという議論には即刻、終止符が打たれるべきだろう。

日本では…………？

　原子力においては、放射性廃棄物を安全に処分することほど難しいことはないといいます。そもそも放射性物質は非常に寿命の長いものが多く、自然に減っていくなどということは期待できないのです。

　にもかかわらず、まるで「処分」ができるような錯覚を起こさせる「最終処分場」という名の構想は、どうとらえたらよいのでしょう。

　日本における「最終処分場」のめどは、まったく立っていません。最終処分場をアメリカと共同でモンゴルにつくろうとする動きもありましたが、モンゴルはこの件について、外国政府や国際機関と接触することを禁止する大統領令を出し

79

ました。

　推進側は再処理をすればいいといいますが、再処理は処分ではありません。しかも、使用済み核燃料を再処理すると、「低レベル」を含めた放射性廃棄物の総量はかえって増えるのです。

　おまけに、仮に再処理がうまくいったとしても、より純度の高いプルトニウムと高レベルの放射性廃液になるだけで、扱いはかえって厄介になります。液状では固形より不安定で、漏れ出す危険があるからです。つまり、限りなく危険性が高まる代物が生まれることになるのです。

　そこで放射性廃棄物処理については、液状の高レベル放射性廃棄物をガラス原料とともに高温で加熱して溶かし、キャニスター*に入れて冷やし固めるガラス固化という方法をひねり出したわけですが、固化したとしても「一定期間は漏れないだろう」というだけで、安心とはほど遠いものです。しかも、日本のガラス固化の技術は、いまだ失敗続きで確立されていません。

　「最終処分」も「再処理」も技術そのものが確立されているわけではないのです。いつかやがて、技術を完成できるだろう……原子力利用は、そうした仮定の構想の上にあるものなのです。

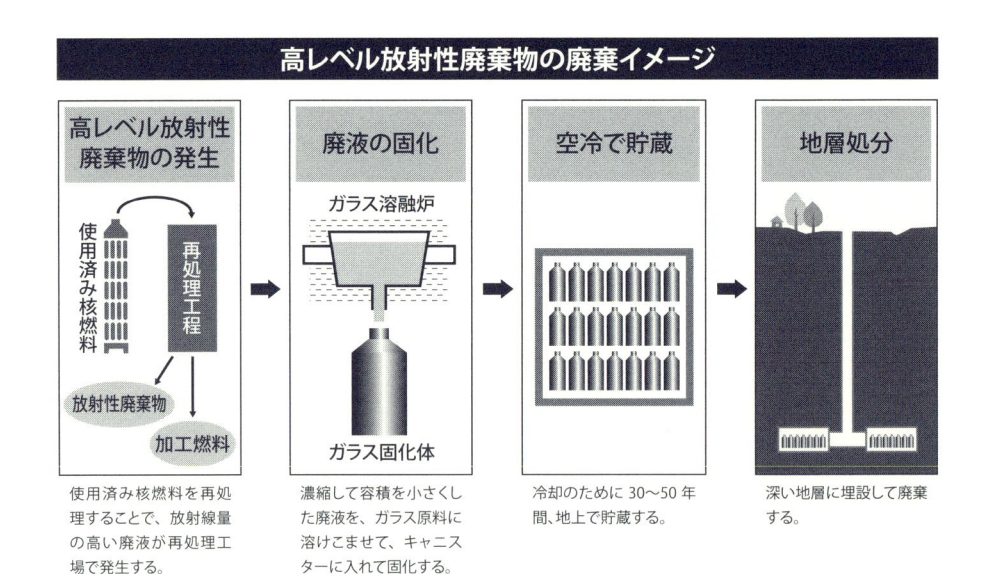

高レベル放射性廃棄物の廃棄イメージ

高レベル放射性廃棄物の発生	廃液の固化	空冷で貯蔵	地層処分
使用済み核燃料を再処理することで、放射線量の高い廃液が再処理工場で発生する。	濃縮して容積を小さくした廃液を、ガラス原料に溶けこませて、キャニスターに入れて固化する。	冷却のために30〜50年間、地上で貯蔵する。	深い地層に埋設して廃棄する。

※「原子力・エネルギー図面集 2004-2005」(日本原子力文化振興財団)より作成

*　鋼鉄製またはステンレススチールでできた円筒形の容器。キャスクとは別

第4章　放射性廃棄物と処分

45　放射性廃棄物は100万年先まで危険

ドイツから

　原発から出た放射性廃棄物の放射線量が相当量下がるまでには、およそ100万年かかる。とんでもなく長いこの期間ずっと、放射性廃棄物は人を含む全生物から隔離しておかなければならない。

　たとえば、もしも3万年前にネアンデルタール人が原発を使っていて、放射性廃棄物をどこかに埋めたとしたら、それは現在もなお人命を奪うほど強い放射線を出し続けていることになる。現代に生きる私たちは、絶対に掘り起こしてはいけない場所を、すべて知っておかなければならなかっただろう。

日本では……？

　放射性物質が別の放射性物質に変わって半分になるまでの時間のことを「半減期」といいます。たとえば、セシウム137の半減期は30年で、半分に減ったセシウムがさらに半分になるのに、また30年がかかります。つまり、1000分の1になるまでには、半減期の10倍の期間が必要なのです。

　ところが、実際に放射性セシウムの環境での動きを研究してみると、上記の計算で導き出されるような「物理的半減期」のペースでは消失しないということが、2009年12月14日の米国地球物理学会の秋季大会で発表されました。

　高レベル放射性廃棄物の管理は、100万年単位での保管が必要です。

　ちなみに、日本でいえば、縄文時代から現代までが約1万年。この間に、どれほどの文明の変遷があったことでしょう。私たち一般人には、江戸時代の文章さえ、まともに読むことができないのです。まして100万年後の人類に、どうやって「危険」を知らせたらよいのでしょうか？

主な放射性物質と半減期

核種名	半減期	1000分の1になる期間
ヨウ素131	8日	80日
セシウム137	30年	300年
プルトニウム239	24,000年	240,000年
ストロンチウム90	29年	290年

46 放射性廃棄物を埋めるのに適した土地はどこにもない

ドイツから PAR AVION

　1967〜1978年にかけて、放射性廃棄物を入れたキャスク12万6000本が、ニーダーザクセン州の放射性廃棄物処分場のアッセⅡに投棄された。

　岩塩採掘跡地であるアッセⅡは低・中レベル放射性廃棄物の地層処分の「試験場」で、原子力産業と原子力研究機関は経費をほとんどかけずに放射性廃棄物を廃棄できた。当時、専門家たちは地下水が流入するリスクを無視して、「数千年間は安全だ」と断言したのだ。

　ところが20年後には坑道に毎日1億2000万リットルもの地下水が流れこんでいることが判明。

　今ではいくつかの容器から中身が漏れ出し、岩塩採掘の坑道自体も崩落寸前になっている。

　大規模な地下水汚染を防ぐためには、これまでに運びこまれた廃棄物をすべて回収するしかない。この処置にかかる費用は約40億ユーロ。それを負担するのは廃棄した事業者ではなく、納税者である。

　2009年、この処置のためだけに、キリスト教民主同盟と社会民主党の連立政権が原子力法を改正した。アッセⅡは公には、ゴアレーベンの岩塩ドームを高レベル放射性廃棄物の大規模最終処分場に選定するための「パイロット・プロジェクト」とされていた。だが、ゴアレーベンもアッセⅡと同様、岩塩採掘跡地の空洞に地下水の流入が確認されている。

日本では………？

　ドイツでも、放射性廃棄物の処分には、手を焼いているのですね。きっと世界中、原発のある国はどこも同じ状況だと思います。

　日本は、原発の数が増えた1980年代初頭、放射性廃棄物をドラム缶に詰めて、

太平洋に投棄する計画を立てていました。

　当然、そんな危険なことを周辺各国が許すはずはありません。1993年4月に旧ソ連が放射性廃棄物を日本海に投棄した際、日本は厳重な抗議をしましたが、その時、かつて日本が核の処分場にしようとした太平洋の島のことを、少しでも思い出したでしょうか。

　このことからもわかるように、どの国でも放射性廃棄物を取り扱う側は、本当に安全な処分をしようなどとは考えていません。とにかく、原発を動かしてしまった以上、それで生じる放射性廃棄物を、何とかしなくてはいけないというのが推進する側の理屈です。

　そこで考えられたのが、高レベルの放射性廃棄物を人が簡単にふれられない地中深くに埋めてしまう地層処分です。日本では放射性廃棄物の最終処分は、地層処分を既定路線としていますが、そのための最終処分場をどこにつくるかは未定です。

　一方で、日本は使用済み核燃料を再処理すれば廃棄物を再利用できるかのように表明しています。ところが実際は、これも失敗続きで解決にはいたっていません。

　使用済み核燃料はたまっていく一方です。そこで、青森県むつ市に中間貯蔵施設の建設を始めたのです。地元は再処理されることが前提で受け入れました。

　この施設での貯蔵容量は約5000トン。保管容器のキャスクと施設建設などに約1000億円を投じて、2棟の建屋を順次建設し、50年間使用済み核燃料を保管するというのです。

　ところが、この施設は放射性物質の貯蔵施設でありながら、核施設とは考えられていないので、安全策は手薄、耐震性は一般建築と同様のレベルです。50年間、大きな地震や災害はないのでしょうか？　飛行機などが、この施設に墜落することはないのでしょうか？

　しかも、50年後、貯蔵された放射性廃棄物は本当のところ、どのように処分されるのでしょう。

47 地球上で見つけられる？ 最終処分場の適地

ドイツから PAR AVION

　高レベル放射性廃棄物を閉じこめておく最終処分場は、はてしなく長い年月の間、地層が確実に安定している場所に建てなければならない。
　また、周辺に放射性廃棄物やその容器と化学反応を起こすようなものがある環境であってはならない。天然資源の鉱脈がありうる場所からも、生態系や人間への影響がある場所からも、遠く離れた土地を選定しなければならない。
　最終処分場一帯から出た廃液が、一滴でも海に流れ出るようなことがあってはならない。
　このような条件を満たせる場所を発見した人は、これまで世界中にただの一人もいない。はたして存在するのか、それが最大の疑問だ。

日本では……？

　地球のどこを探しても、最終処分場に向く土地など、見つけられないでしょう。とりわけ日本は、まったく不向きな土地柄といってよいでしょう（**60**参照）。

　上記のドイツからのメッセージには、「はてしなく長い年月の間、地層が確実に安定している場所」とありますが、日本列島は地震を起こすプレートがいくつも重なりあった境界にあるのです。

　また、「放射性廃棄物やその容器と化学反応を起こすようなものがある環境であってはならない」とありますが、日本は水の国ともいわれ、水脈が豊富なうえに、イオウをはじめ、多様な成分を含む温泉も豊富に湧き出ます。

　最終処分場は、こうした地層などの影響のない地下300メートル以上の深さにつくる計画ですが、それで安全が確約されるわけではありません。

　狭い日本で、生態系や人間に影響を与えない場所を探すのは不可能です。

　何十万年単位の保管に失敗すれば、この地球上のすべての命は絶滅の危機にさらされることでしょう。

第4章　放射性廃棄物と処分

48 放射性廃棄物の近くに住みたい人など一人もいない

ドイツから PAR AVION

　ドイツでは2005年以来、使用済み核燃料はキャスクに入れられ、原発敷地内の倉庫で保管されている。原発推進派にとってこの問題はウィークポイントとなり、筋の通った議論ができなくなっている。推進派でさえ、「放射性廃棄物をわれわれの居住地の近くで保管することは絶対に許さない」というのだ。そのくせ、原発立地自治体には大金が転がりこむから、「何が起ころうとも」運転を続けなければならないという。
　バイエルン州の保守政党であるキリスト教社会同盟も熱烈な原発推進派だが、放射性廃棄物の保管場所をバイエルン州にはもってこないでくれと主張する。彼らは、誰もが避けたがる最終処分場の候補地選定について議論することは、「ドイツ全土が火事になっているのに、そこに油を注ぐのと同じだ」と警告している。

日本では……………？

　積極的に原発を推進するくせに、推進派ですら最終処分場を引き受ける人はいないというのがドイツの状況なのですね。日本でもまったく同じでしょう。
　ごみは出すけど、近くに焼却場を建設しないでほしい。お葬式はするけど、斎場はつくってほしくない——「施設の必要性は認めても、それを自分の裏庭にもってきてほしくない」、そうした忌避施設と同様の構造が、原発にもあてはまるのでしょう。
　ところが原発は、そうした心情的に忌み嫌う施設と単純に並べられない問題をもっています。
　これまで見てきたように、原発は周辺に放射性物質を放出し、事故が起きれば人の住めない地域を広範囲に生み出します。まして、上記の忌避施設は生活上で欠かせないものですが、発電はほかの方法に替えることができます。
　福島の事故後、私たちの漠然とした不安は、まさに現実になりました。
　原発や核施設は、推進派でさえ本心ではいやがる代物なのです。

49 信頼性に欠ける放射性廃棄物容器の安全検査

ドイツから PAR AVION

　原発で発生した使用済み核燃料はキャスクという容器に入れて再処理施設まで移送される。キャスクは安全だといわれているが、実際に現物1つひとつが安全検査を受けているわけではない。

　キャスクの検査はたいていの場合、小型のサンプルで落下実験や燃焼実験を行なうか、さもなければコンピュータ上でのシミュレーションのみだ。

　ところが、そうしたテストが事実に即さず、操作されていることがある。

　2008年の春、新型のキャスクが検査されたときには、実地の結果との整合性が高くなるようにと、メーカー側から提供された「任意で選択した検査の条件」を使ってシミュレーションが行なわれた。

　このやり方にはさすがのドイツ連邦材料研究庁も異議をはさみ、しばらく許可を出さなかった。翌2009年にキャスク輸送がいっさい許可されなかったのは、その結果である。

日本では……？

　キャスクというのは使用済み核燃料を入れる容器で、輸送や中間貯蔵施設での保管に使われるものです。日本原燃輸送の「輸送用金属キャスクの安全性について」を読むと、たとえば、高レベル放射性廃棄物やMOX燃料を入れるためのキャスクの特別試験には、9メートルの高さからの落下試験があります。「それなら大丈夫だ」と思う人は少なくないかもしれません。

　けれどもテストでは、クレーンで吊り下げられたキャスクは、地面と水平に均一に力がかかるように落とされます。でも実際に物が落ちるときは、水平に落ちるより片方が先に落ちたりすることが多いのです。落下した物の一点に力が集中して角が欠けたりすることは、誰でも覚えがあることでしょう。

　しかも、陸から輸送船に積むときは、高低差は9メートルどころではありませ

ん。15メートル以上の高さがあります。さらに、原発建屋は福島第一原発でも59メートルもあります。

　この落下試験が、いかに不十分なものかわかります。

　また、「800度で30分」の耐火試験も行なっているようですが、過去に首都高速道路でタンクローリー炎上の事故、東名高速道路日本坂トンネル内では、大量の車が炎上するという事故も起こっています。

　そんな状況では、もっと高温で、もっと長時間の耐性を要求されます。

　常に改良を続けて、新しいキャスク・モデルをつくってきた過程においては、ご多分に漏れず、日本でも検査データの改ざんは何度も行なわれました。

　でも、そもそもそんなに安全というなら、なぜこんなに研究、改良し続けて、新しいキャスク・モデルを出すのでしょうか。

　30年前に安全といっていたキャスクは、一体、なんだったのでしょうか？

　原発の事故は、100万年単位で放射能被害を広範囲にもたらすものなのです。

　原発にかかわるさまざまな機器は、もっと厳格につくられるべきで、そこに改良を加えなければならない不備があるとしたら、安全なはずの原発のシステムそのものが「未完の技術」だということです。

キャスク　キャスクは、もっとも内側に使用済み核燃料を入れる「燃料バスケット」が収まり、その外側は、ガンマ線や中性子の遮蔽体、放熱用フィン（温度の安定を保つパーツ）などで構成される。さまざまな仕様のうち主なもので、外径は2.5メートル以上、全長は約6メートルの円筒形で、100トンを超える重量のものもある。

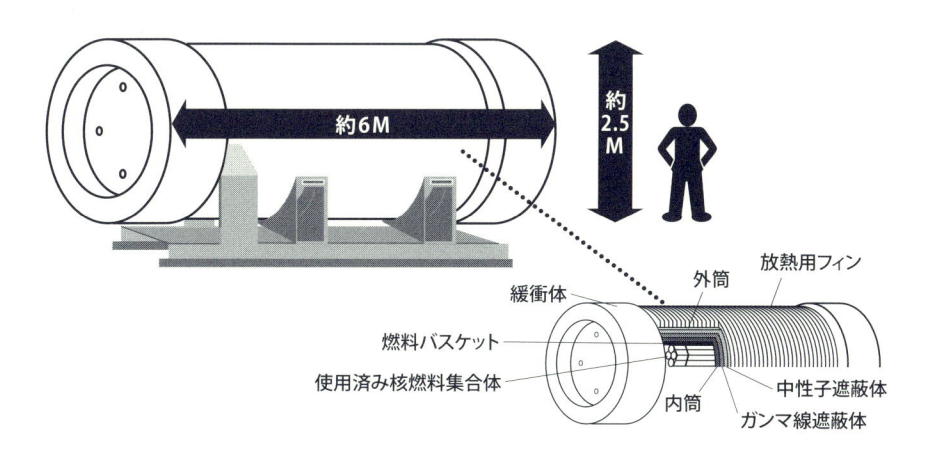

約6M ／ 約2.5M

緩衝体　外筒　放熱用フィン
燃料バスケット
使用済み核燃料集合体
内筒　中性子遮蔽体　ガンマ線遮蔽体

※インターネット「原子力百科事典 ATOMICA」（高度情報科学技術研究機構運営）より作成

50 ごみも危険も増大させる再処理工場はなぜ必要？

ドイツから　PAR AVION

「再処理工場」と聞けば、環境にやさしいリサイクルセンターのように聞こえるが、実際に再利用されるのは使用済み核燃料のわずか1パーセント程度にすぎない。つまり、新たな放射性廃棄物が大量に生み出されるということだ。

使用済み核燃料から取り出されて新しい核燃料とされるのは何なのか。それは、プルトニウムだ。フランスでは再処理工場のことを「プルトニウム工場」と呼んでいる。

再処理工場は、世界最大にして最悪の放射能汚染源でもある。再処理されたプルトニウムを混ぜこんだいわゆる「MOX燃料」は、その製造も、輸送も、原発での使用も、あらゆる過程で従来のウラン燃料よりはるかに大きな危険をはらんでいる。

また、もっとも注意すべきは、「プルトニウム工場」が原子爆弾の原料製造工場だということだ。

日本では………？

日本の原発では、佐賀県の玄海原発3号機、愛媛県の伊方原発3号機、福井県の高浜原発3号機、福島県の福島第一原発3号機（廃炉が決定）が燃料の一部に、MOX燃料を使っています。

青森県で建設中の大間原発は「フルMOX」といって、燃料をすべてMOX燃料にする計画です。

MOX燃料とは、原発で一度燃やした使用済み核燃料から、燃え残りのウランとプルトニウムを抽出してつくるものですが、本来はウランを核分裂させるための原子炉で、プルトニウムが混じった物質を核分裂させるとどうなるのでしょうか？　当然、プルトニウム用の設計にはなっていないので、不安定でリスクは高まります。

なぜ、そんな危険を冒してまでMOX燃料を使うのでしょうか。

そもそも日本では、高速増殖炉「もんじゅ」でプルトニウムを大量に使う予定でした。そのために開発段階の「もんじゅ」に使った国費は1兆円、1日あたりの維持費は5500万円です。ところがトラブル続きで、1995年に運転を開始したものの、発電の実績はほとんどありません。そんな状況なので、高速増殖炉で使うはずだったプルトニウムを普通の原子炉で使って、再処理が必要であることの理由づけにしているのです。

でも、ますます謎が深まりませんか。なぜコストをかけ、リスクを大きくしてまで再処理しなければいけないのでしょうか？　一般のリサイクルならごみは減りますが、核燃料の再処理は、行なえば行なうほど、使用済み核燃料の危険性は高くなり、最終処分が難しくなるのです。それなのに……。

じつは、猛毒のプルトニウムが役立つのは、今のところ核兵器だけです。逆にいえば、核武装のために原発を導入し、使用済み核燃料を国内で再処理してプルトニウムを自前でつくるのです。国際的には、ほかの国から純度の高いプルトニウムを買うことは禁止されていますから、輸入できるウランから、プルトニウムを生成するしかありません。それが、この疑問の答えなのかもしれません。

非核三原則のある日本としては、プルトニウムを発電に利用することを前提にしないと、プルトニウムを保有する口実にはならないのです。

プルサーマル導入（MOX燃料使用）の原発

発電所名	所在地	電力会社
高浜原発3号機	福井県高浜町	関西電力
伊方原発3号機	愛媛県伊方町	四国電力
玄海原発3号機	佐賀県玄海町	九州電力
福島第一原発3号機（廃炉）	福島県大熊町	東京電力

＊導入予定のものに、泊原発3号機（北海道泊村）、大間原発（青森県大間町／建設中）、女川原発3号機（宮城県女川町、石巻市）、浜岡原発4号機（静岡県御前崎市）、高浜原発4号機（福井県高浜町）、島根原発2号機（島根県松江市）が、導入検討中のものに、志賀原発1号機（石川県志賀町）がある。

51 再処理工場は放射性物質の大量拡散装置

ドイツから

　原発の使用済み核燃料を処理して、プルトニウムと燃え残りのウランを抽出する再処理工場は、原発以上に危険な施設だ。フランスのラ・アーグとイギリスのセラフィールドの再処理工場は、大量の放射性物質を英仏海峡やアイリッシュ海、そして大気中に放出し続けている。工場の周辺では白血病にかかる若者が増え、その発症率は全国平均の10倍という調査結果がある。

　国際環境NGOグリーンピースのドイツ事務所が数年前に、セラフィールド再処理工場の調査に乗り出したことがある。排水管付近で汚泥のサンプルを採取したのだが、それをドイツに持ち帰ったとたん当局にすべて没収されてしまった。無理もない。その汚泥はまさに、国内持ちこみ禁止の放射性廃棄物だったのだ。

日本では………？

　日本でも青森県六ヶ所村にある再処理工場では、運転を始めた2006年からヨウ素、トリチウムなどを海に放出しています。陸から延ばしたパイプラインを使って沖合3キロメートル、深さ44メートルの放出口から放射性廃棄物を海へ排出していますが、その濃度はかなり高いものです。

　しかし、そこには環境汚染の基準は適用されません。海への放出には濃度規制がかけられないからです。

　六ヶ所再処理工場が本格稼働すると、年間の放出基準値はヨウ素が430億ベクレル、プルトニウムが42億ベクレル、ストロンチウムが520億ベクレルなどとなります（1991年設置変更許可申請書による）。

　福島第一原発事故では、海に流れた放射性物質は4700兆ベクレルを数えました。これで再処理工場が本格稼働してしまうと、さらに汚染の度合いが加速度的に高まります。しかも、それは合法的な汚染ということになるのです。

第4章　放射性廃棄物と処分

52 再処理工場に貯められていく放射性廃棄物

ドイツから PAR AVION

ドイツの放射性廃棄物は、大半が今もフランスとイギリスの再処理工場に保管されている。原発事業者が過去数十年の間に、合計数千トンもの使用済み核燃料を、フランスのラ・アーグとイギリスのセラフィールドの再処理工場へ送り出してきた。そのうちの一部は再処理され、キャニスターに入れられてドイツに戻されてきたが、それ以外はすべて、膨大な量が今も外国に置いてあるのだ。

日本では……？

　日本は、使用済み核燃料の約7100トン（放射性物質総量をウラン総量におきかえた量）の再処理をフランスとイギリスに委託しています。

　この再処理で抽出されたプルトニウムは2011年9月20日現在、フランスに約18トン、イギリスに約17トン保管されていて、日本国内の10トンを合わせると約45トンになります。これは核爆弾5600発分といいますから膨大な量です。

　使用済み核燃料を再処理する工程では、放射性廃棄物も大量に出てきます。当然これらの廃棄物も再処理を委託した国から日本に返されてきます。

　フランスのラ・アーグからの日本への高レベル放射性廃棄物の返還は、2007年までで1310本。2010年3月までにイギリスのセラフィールドからは850本が返還。ガラス固化され、キャニスターに入れられたもの（総重量500キログラム）です。イギリスからはその後、2011年9月、高レベル放射性廃棄物76本が送られてきました。そのうち3本は放射能漏れが確認されました。

　しかしこれだけではありません。今後、2013年から、キャニスターに詰められた低レベル放射性廃棄物が約4400本、フランスから返還予定です。ドイツと同様、日本の放射性廃棄物も外国に山積みです。それは、やがて戻されてくるのです。

COLUMN
原発も危険　だが桁ちがいに危険な再処理工場

　青森県六ヶ所村には使用済み核燃料の再処理工場がありますが、この施設が原発をはるかにしのぐとても危険なものであることは、残念ながら一般にはあまり知られていません。

　再処理工場と原発の危険性のちがいを端的に現わす言葉に、「原発１年分の放射性廃棄物を、再処理工場はたった１日で放出する」というものがあります。

　再処理工場がなぜそれほど危険なのか、くわしく見ていきましょう。

　再処理工場での作業は、各地の原発から運ばれてきた被覆管（サヤ）に収められていたペレット状（陶器のように固められたもの）の使用済み核燃料を、サヤごと剪断することから始まります。この燃料ペレットと燃料被覆管というのは、よく原発の安全性を説明するときに使われる「５重の壁（燃料ペレット、燃料被覆管、圧力容器、格納容器、原子炉建屋）」の１つ目と２つ目にあたるものです。

　中身を取り出すために、こうした放射能を防御する機能を壊してしまうのですから、まず、この作業自体が非常に危険なものだとわかります。

　次に、陶器のように固まった核燃料を溶かすために、高温の硝酸に入れます。燃え残りのウランとプルトニウムを取り出すためですが、その危険などろどろの硝酸溶液から、まず燃料として再利用できない灰を取り出します。これは濃縮してガラス原料と混ぜ、ガラス固化体にして保管します[*1]。

　この放射性廃棄物は、生物が近づけば即死するほどの放射線と熱を発する危険なもので、30～50年間、冷温貯蔵しなければなりません[*2]。それは、原発で燃やされた使用済み核燃料のもとの状態より、極度に不安定で危険なものになっています。

　一方、残りの硝酸溶液は、ウラン溶液とプルトニウム溶液に分けられます。ウラン溶液は、硝酸を抜き、酸化ウラン粉末にして貯蔵。プルトニウム溶液は、別に分離しておいたウラン溶液と１対１の割合で再び混ぜてから硝酸を抜いて、

ウラン・プルトニウム混合酸化物にします*3。

　トンネルでつながっている別工場では、上記でできたウラン・プルトニウム混合酸化物に酸化ウランの粉末を混ぜて、ペレット状のMOX燃料に加工します。

　こうした再処理の工程では、どの段階においても致命的な危険をともないます。まず、常に高濃度の放射性物質を取り扱うということ。そこでもっとも懸念されるのが、火災や廃液タンクの破壊による放射性物質の大量放出、臨界事故、ついで爆発……。このどれをとっても破局的な事態を招きかねません。再処理工場の大事故となれば、東北全体を生物の住めない場所にしてしまったり、日本全体を放射能がすっぽり覆ってしまうような危険が懸念されます。

　また、再処理工場は、技術的にも不完全で問題を抱えています。そのため何度も事故が起きて、本格稼働が先延ばしされています。

　ただ、本格稼働されていない点は、私たちにとっては幸運ともいえるでしょう。工場が本格的に稼働したら、事故でなくとも前述のとおり、環境中に放射性物質が多量に放出されます。放射性物質も、固体より危険な液体という状態で扱うことになるのです。しかも、再処理工場は核兵器になるプルトニウムを生み出す工場にほかなりませんし、再処理といいながら実態は放射性廃棄物を増産する工場なのです。放射性廃棄物の量は重量にして、処理前の使用済み核燃料の6～40倍になるともいわれています。再処理しないほうが処理量もコストも危険度も抑えられるのです。

　このプロジェクトには、すでに2兆円以上も費やしていますが、今後も稼働を予定するなら、増設分や保守などで11兆円もかかるそうです。

　危険性もむだも桁ちがいの再処理工場は、1日でも早く凍結すべきです。

＊1　ガラス固化する技術は、日本では未確立
＊2　日本では冷温貯蔵後は地層処分する計画だが、その場所は未確定で、技術的にも確立されていない
＊3　プルトニウムの単体保存は、兵器転用が容易にできるため、あえてウランを混ぜている。ただし、混合酸化物からプルトニウムを分離するのは容易

再処理工場の工程と各工程で想定される事故

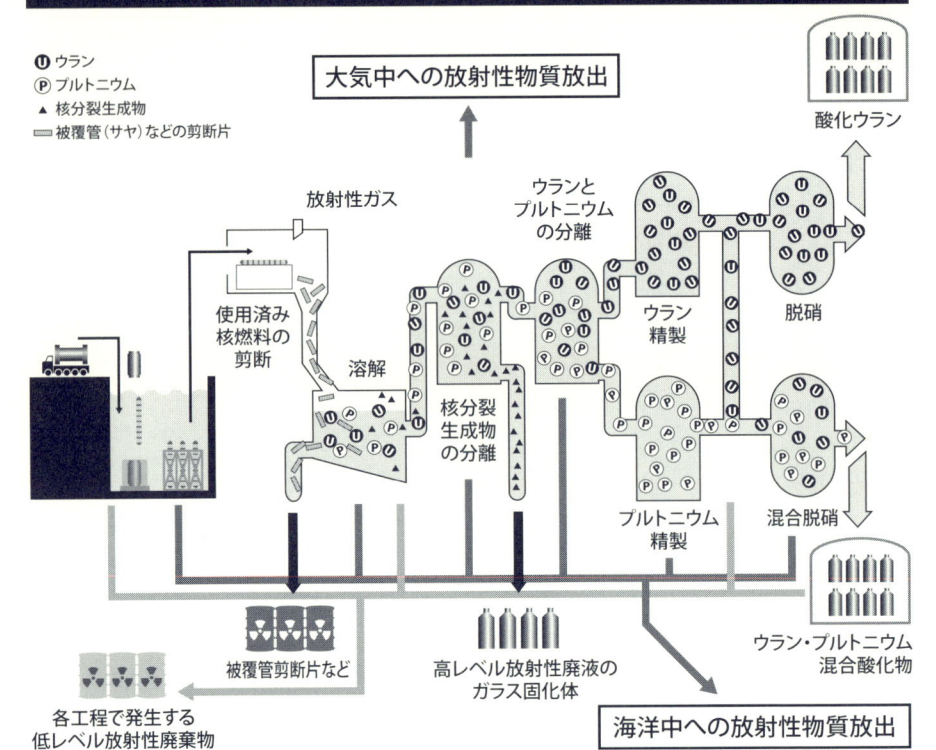

- Ⓤ ウラン
- Ⓟ プルトニウム
- ▲ 核分裂生成物
- ▬ 被覆管(サヤ)などの剪断片

大気中への放射性物質放出

酸化ウラン

放射性ガス

使用済み核燃料の剪断

溶解

核分裂生成物の分離

ウランとプルトニウムの分離

ウラン精製

脱硝

プルトニウム精製

混合脱硝

被覆管剪断片など

高レベル放射性廃液のガラス固化体

ウラン・プルトニウム混合酸化物

各工程で発生する低レベル放射性廃棄物

海洋中への放射性物質放出

使用済み核燃料の搬入・貯蔵	剪断・溶解	分離	精製	脱硝	粉末貯蔵
原発から使用済み核燃料を輸送し、貯蔵プールで貯蔵、冷却	燃料棒をサヤごと剪断(ぶつ切り)にし、高温・高濃度の硝酸で燃料を溶かす。剪断の際、放射性廃棄物を大量に環境中に放出	有機溶媒を使って、核分裂生成物(死の灰)とウラン、プルトニウムとに分離する。その後、ウランとプルトニウムのそれぞれの溶液に分離	ウランとプルトニウムのそれぞれの溶液の純度を上げるために、分離作業を繰り返す	ウランの硝酸溶液とウラン・プルトニウム混合硝酸溶液を酸化物の粉末にする。核拡散防止に関する要請から、プルトニウム溶液にはウラン溶液を混ぜてから脱硝の作業を行なう	粉末状のウラン・プルトニウム混合酸化物(MOX燃料となる前段階の状態)と酸化ウランを容器に小分けし、冷却・貯蔵する
※ 燃料破損 ※ 冷却水漏れ ※ 冷却不能	※ ジルカロイ火災[*1] ※ 溶液過熱 ※ 臨界	※ 水素・溶媒爆発 ※ 臨界 ※ 放射能漏れ	※ 爆発・レッドオイル[*2] ※ 臨界 ※ 放射能漏れ	※ 蒸発缶の過熱 ※ プルトニウム漏れ	※ 移送事故 ※ プルトニウム漏れ

*1 被覆管に使われるジルコニウム合金は、粉末にすると燃えやすい。
*2 再処理で使用する抽出溶剤TBPは、硝酸や核燃料の硝酸塩と混合して加熱されると赤い物質が生成されることがあり、爆発するおそれがある。

※原子力資料情報室ホームページより作成

第4章　放射性廃棄物と処分

53　旧東ドイツの処分場が象徴するもの

ドイツから　PAR AVION

　かつてドイツの原子力業界は放射性廃棄物を、平然と東ドイツのモアスレーベン放射性廃棄物処分場に捨てていたが、1989年ごろには西ドイツの原発構内にも、放射性廃棄物の詰まったドラム缶がうず高く積まれていた。

　それを救ったのは、1990年の東西ドイツの統一である。1994年に環境大臣に就任した東ドイツ出身のアンゲラ・メルケルは、担当局のトップであるヴァルター・ホーレフェルダーとゲラルト・ヘネンヘーファーとともに、放射性廃棄物の処分法を打ち出した。

　原発事業者である大企業に対して、放射性廃棄物を法外な安値で、旧東ドイツのモアスレーベンに廃棄することを許可したのだ。

　モアスレーベンの岩塩坑は1970年代から放射性廃棄物の処分場になっていたが、地下坑道の壁が崩落して地下水が浸入し、2009年には閉鎖された。20億ユーロを超える税金を投入しなければ、改修工事もおぼつかないという。

　その後、メルケルは2005年に首相にのぼりつめ、ホーレフェルダーは大手エネルギー会社E.ONと原子力ロビー団体・ドイツ原子力産業会議のトップに立った。ヘネンヘーファーは2009年末、原子力安全監督機関の長に返り咲いている。

日本では…………？

　日本でも放射性廃棄物の処理については、まだまだ解決の糸口すら見えていない状況です。低レベル放射性廃棄物に分類されるもののなかにも、強い放射線を発するものもあります。

　原発の運転にともなって出る廃液、金属類やフィルターなどの消耗品、さらに建屋内などで使われた雑巾やゴム手袋、工具、作業服などは、小さくして、セメントやアスファルトとともにドラム缶などに詰めて、放射性レベル別に分類し、地下数メートルから100メートルの地中に埋められます。

2011年1月現在、青森県六ヶ所村の放射性廃棄物埋設センター内に、約23万本のドラム缶が埋められています。これだけでもすごい量ですが、もちろんこれですべてではありません。国内各地の原発敷地内で保管されている低レベル放射性廃棄物は、2009年3月末現在で約60万本分もあります。
　また、廃棄物は日本国内にあるものだけではありません。フランスやイギリスの再処理工場からも運ばれてきます（**52**参照）。
　原発が稼働し続けているかぎり、今後も放射性廃棄物は際限なく増え続けていくのです。

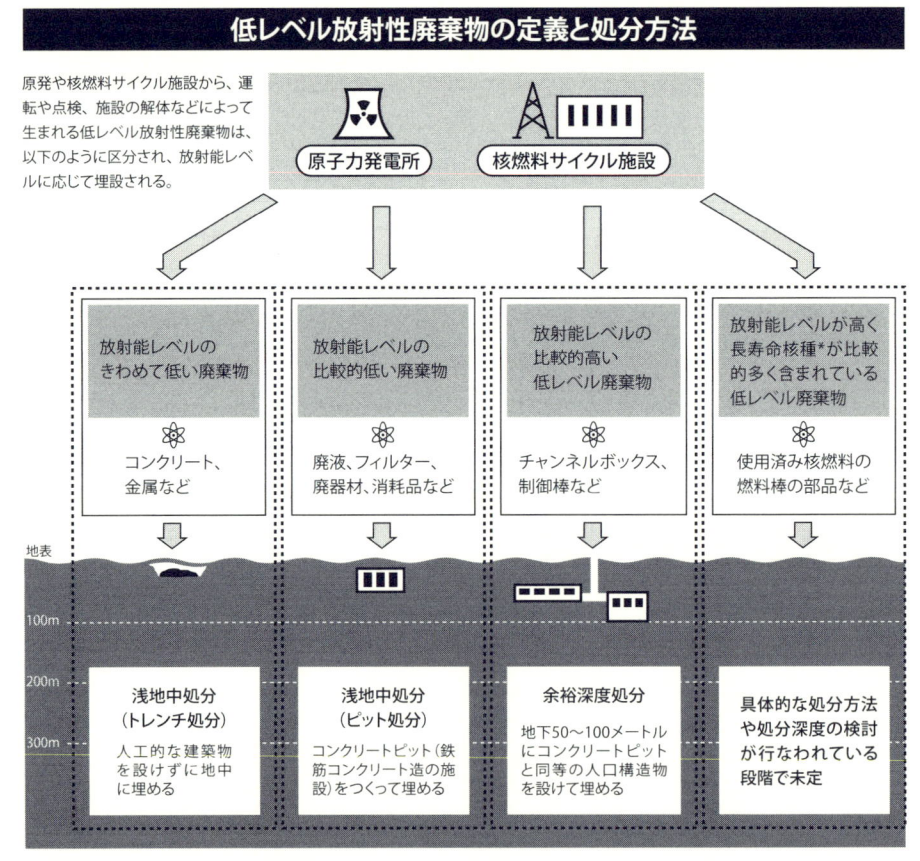

低レベル放射性廃棄物の定義と処分方法

原発や核燃料サイクル施設から、運転や点検、施設の解体などによって生まれる低レベル放射性廃棄物は、以下のように区分され、放射能レベルに応じて埋設される。

原子力発電所／核燃料サイクル施設

放射能レベルのきわめて低い廃棄物	放射能レベルの比較的低い廃棄物	放射能レベルの比較的高い低レベル廃棄物	放射能レベルが高く長寿命核種*が比較的多く含まれている低レベル廃棄物
コンクリート、金属など	廃液、フィルター、廃器材、消耗品など	チャンネルボックス、制御棒など	使用済み核燃料の燃料棒の部品など
浅地中処分（トレンチ処分）人工的な建築物を設けずに地中に埋める	浅地中処分（ピット処分）コンクリートピット（鉄筋コンクリート造の施設）をつくって埋める	余裕深度処分　地下50～100メートルにコンクリートピットと同等の人口構造物を設けて埋める	具体的な処分方法や処分深度の検討が行なわれている段階で未定

地表／100m／200m／300m

*中性子と陽子の数によって区別される原子核の種類

※日本原燃ホームページより作成

第4章　放射性廃棄物と処分

54 高レベル廃棄物の処分地は地質より都合で選ばれる

ドイツから PAR AVION

　ドイツ北部にあるニーダーザクセン州ザルツギッター市、人口は約10万人。その市街地の真下に、旧鉄鉱山のコンラート坑道跡がある。

　ドイツ連邦放射線防護局が、この坑道跡を最終処分場にする計画を進めている。865キログラムもの強毒のプルトニウムを含む、低・中レベルの放射性廃棄物を30万立方メートル以上、この坑道跡に捨てるというのだ。

　この計画は最初から政治的な都合で進められてきた。明確な基準にのっとって、さまざまな候補地が比較検討された形跡はどこにもない。

　コンラートは縦坑が並はずれて大きく、放射性廃棄物の大きな容器も簡単に通すことができる。それが、原子力業界から見ればとりわけ大きなメリットなのだ。

　この坑道跡を長期的に安全だとする理論的な評価は一応整っているが、現在の知見とかけ離れた、もはや科学とは認められない時代遅れのシミュレーションにもとづいている。

日本では……？

　日本では、2030年代後半には、高レベル放射性廃棄物のガラス固化体４万本を地下300メートル以上の深い所に埋める地層処分をする計画です。これが最終処分場になるとされているわけですが、その場所ははまだ決まっていません。

　地層処分が技術的に可能であるとした核燃料サイクル開発機構（現・日本原子力研究開発機構）のレポートは、以下のような根拠をあげています。

①地質環境
　国内で過去に地震や火山活動が起きた地域は一定の地域に限定されており、

97

これらの影響のない地域に処分場の設置は可能。
②工学技術
　現在の技術で人工バリアや処分場設計が可能。
③安全評価
　漏れ出した放射能による被ばく量は、諸外国の地層処分の安全基準以下である。

　このように列挙していますが、どうでしょうか？
　地震の巣である断層だらけ火山だらけの日本では、①だけでも疑問に思われるのではないでしょうか？
　高レベル放射性廃棄物の処分に関する法律では、3段階の調査をもって最終処分地を絞りこむことになっています。1段階目として「概要調査地区」の選定（文献調査）、2段階目として「精密調査地区」の選定（概要調査）、3段階目として「最終処分施設建設地」の選定（精密検査）をすることとされています。これを読むと、法律にのっとって、客観的な調査を行ない、その結果、適切な場所を選ぶのだろうと思ってしまいます。
　ところが、2002年には候補地が「公募」されました。
　つまりそれは、地質を調べて候補地を選ぶのではなく、名乗りを上げた候補地の地質を調べて判断するということを意味します。ほかに候補地がなければ、地質に問題があったとしても選ばれる可能性もあるということです。
　なぜなら、公募に応じたということは、反対運動などの抵抗が少ない場所だろうとの政治的な目論みもあるからです。
　ちなみに、候補地の調査段階だけでも、その自治体には巨額な交付金が支給されます。文献調査段階で単年度交付限度額10億円、概要調査段階で単年度交付限度額20億円、期間内交付限度額70億円です。

第4章　放射性廃棄物と処分

55　中間貯蔵施設の危険性

ドイツから PAR AVION

> 中間貯蔵施設では、納屋（なや）と大差のない建物のなかに、高レベル放射性廃棄物が保管されている。廃棄物は強い放射線を出し、容器のキャスクは非常に高温になる。そのため、ドイツのゴアレーベンやアーハウスの中間貯蔵施設のほか、各地の原発敷地内の中間貯蔵施設には必ず大きな換気筒があり、キャスクの間に風を通すようになっている。
> 　もしもキャスクのどれかから放射性物質が漏れたら、何の障害もなく建物から環境へと拡散するだろう。

日本では……？

　日本では、使用済みの核燃料を処理して再び使用する「核燃料サイクル」が大前提になっています。ですから、使用済み核燃料は、それぞれの原発建屋内にある冷却用のプールに入れられて、再処理工場へ運ばれるまで保管されます。このプールの様子は、福島第一原発事故後の報道によって、私たちにはおなじみのものになりました。

　しかし、青森県六ヶ所村の再処理工場はトラブル続きで本格稼働は見こめません。生産されたプルトニウムは高速増殖炉「もんじゅ」で燃やす計画でしたが、これも事故続きでまったく先が見えません。

　プルサーマルで消費しようとしていますが、実情では使用済み核燃料は、行き場のないまま増えるばかりです。

　そこで青森県むつ市に、26ヘクタールの倉庫を建設することになりました。キャスクという特殊な容器に使用済み核燃料を入れて封じこめ、通気しながら外気で冷却し50年間保管するのです。

　通気のある大きな倉庫のなかに使用済み核燃料がずらりと並ぶのは、ドイツも日本も同じです。

56 放射線を遮断できない核燃料容器キャスク

ドイツから PAR AVION

2008年の秋、使用済み核燃料を入れたキャスクが鉄道輸送された。環境保護団体が、通過する列車の近くで放射線量を測ったところ、警報が鳴るほどの高い数値が検出された。

当局は、キャスクの輸送時にきちんとした点検や放射線量の測定を行なわなかった。線量計を持っていなかったというのだ。

中間貯蔵施設を運営するGNS社（放射性廃棄物を引き受ける電力会社関連企業）は、「従業員をいたずらに被ばくさせたくなかった」から点検や測定をしなかった、といった。

日本では……？

ドイツの中間貯蔵施設の運営会社は、ずいぶん従業員に手厚いのですね。東京電力福島第一原発の小暮雄三広報部長は、使用済み核燃料を貯蔵するキャスクを「床暖房やロードヒーティング用に『お一つどうですか』と薦めたいぐらい」（東奥日報 2001年8月27日）といって、安全性を強調していますから、愛社精神は引けをとりません。

使用済み核燃料の貯蔵法には、純水を満たしたプールに沈めて冷却する湿式貯蔵と、キャスクに入れて保管庫で空冷する乾式貯蔵があります。福島第一原発には各原子炉建屋に使用済み核燃料プールがあるほか、原子炉建屋の外にも各原子炉共用の使用済み核燃料プールもあり、そしてキャスクの保管庫があります。福島第一原発の共用プールには、事故当時、MOX燃料も貯蔵されていました。

キャスクは透過性の強い中性子をシリコン樹脂で閉じこめ、ガンマ線*も鋼鉄で遮蔽できるといいますが、本当に大丈夫なのでしょうか？ 長年の使用に耐えうるのでしょうか？

---

* 原子核から放出される放射線の1つで、透過性が高い

第4章　放射性廃棄物と処分

57 中間貯蔵容器の寿命 実証はこれから

ドイツから　PAR AVION

　公式説明によると、放射性廃棄物を貯蔵する容器キャスクの耐用年数は40年と設計されているという。法律では、放射性廃棄物を安全に処理できる保証がないかぎり、原発を稼働してはならないことになっている。放射性廃棄物は、100万年後にもまだ放射線を出し続けているだろう。それなのに、放射線から環境を守る唯一の防壁であるキャスクの寿命が、たったの40年。公式説明では、何の問題もない、ということなのだが……。

日本では………？

　日本では、放射性廃棄物の輸送兼貯蔵用として使われるキャスクの耐用年数は50〜60年といわれます。これは、2006年の東京電力による青森県むつ市の説明会での発言によるものです。

　日本では、原発の燃料はリサイクルして使用する「核燃料サイクル」が前提ですが、当のサイクルがうまく回らないため使用済み核燃料は増え続けるばかりです。そこで、一時置き場として、むつ市に中間貯蔵施設をつくることにしました。

　むつ市での中間貯蔵は50年を限度としています。そのため、キャスクの耐用年数は、最低50年はもつものでなければなりません。でも、50年たってすぐにぼろぼろになってしまってはだめなので、50〜60年といっているのです。

　その根拠として、「海外で20年の実績がある。そして国内でも10年間使われてきた」と、上記の説明会で説明しています。「20年もったから50年は大丈夫」というのは、どういう理屈なのでしょう。本当に50年間、大丈夫なのでしょうか。

　貯蔵倉庫は大事故を想定して設計されていませんし、もちろん何かあってもキャスクを取り換えるなどということは、簡単にはできるわけではありません。それに地元との約束どおり、50年以内に搬出できるのでしょうか。

101

58 専門家の口を封じて安全性審査 決め手はお金と政治

ドイツから PAR AVION

　ヘルムート・レーテマイヤー教授は、放射性廃棄物最終処分場の用地選定に参画する最上席の学者だった。
　1983年に教授は、ゴアレーベン岩塩採掘跡の大規模なボーリング調査の結果、この地層は「放射能を長期的に生物圏から遮断し続けることは不可能」との結論を導き出した。地下の岩塩ドームの上に、氷河時代の渓谷が発見されたからだ。
　そのため教授グループは、ほかの候補地の調査を提案しようとしたが、キリスト教民主同盟と自由民主党の連立政権が横槍を入れてきた。教授らの提言は、政府からの圧力によって報告書から削除された。
　連立政権と原子力ロビイストたちは現在もなお、ゴアレーベン岩塩採掘跡の地層は最終処分場に適していると主張している。

日本では………？

　日本では、「原子力ムラ」という言葉が、今では違和感なく人びとに浸透しています。電力会社や関連産業、政治家、官僚、学者、マスコミがからみ合って「ムラ」をつくり、莫大な資金をもって原発を推進してきました。
　原子力安全委員会は、原発の安全性評価について中立な立場で指導するはずの機関ですが、班目春樹委員長を含む3割の委員が、2010年までの5年間に原子力関係の業界から8500万円の寄付をもらっていました。これでは、中立性に影響がないというには無理があります。
　福島第一原発の事故の後は、そうした膿を出しきって新しくスタートをきったかというと、じつはそうでもないのです。
　たとえば、「これまでの地震や津波の想定を覆し、さらに強固な安全対策を」ということで始まったストレステスト（耐性評価）。その手順は、原子力安全・保安院（以下、保安院）が実施計画をつくって、電力会社が自己評価して、保安

第4章　放射性廃棄物と処分

院がその報告書を確認し、原子力安全委員会が妥当性を認めるというものです。

　要するに、電力会社が自分たちで「このくらいの津波ってことでいいかな。ほかの項目もこんなもんで……」と、勝手に条件を決めて、コンピュータでシミュレーションするだけです。

　また保安院は、再稼働に関する専門家のストレステスト意見聴取会で、公開の原則を無視して市民の傍聴者を締め出し、ストレステスト意見聴取会専門委員の質問にも一部回答しないまま、一方的に審議を打ち切りました。ちなみに、委員8人のうち3人が、電力会社からお金をもらっていました。

　そして、原子力安全委員会に「ストレステスト評価は妥当」という報告書を出しましたが、一部の委員からは即座に抗議声明が出されました。

　しかも、ストレステストそのものも、新たな利権を生むもののようです。高速増殖炉「もんじゅ」のストレステストは国内のプラントメーカーが請け負いましたが、この費用が9億円といいます（繰り返しになりますが、ストレステストはコンピュータでのシミュレーションにすぎません）。

59 最終処分場は不安定な地層でもおかまいなし？

ドイツから PAR AVION

ドイツのアッセⅡは放射性廃棄物最終処分の「試験場」といわれながら、低・中レベルの放射性廃棄物を入れたドラム缶が長年放置されてきた。そこに大量の地下水が流れこみ、現在は放射性廃棄物の回収方法を模索中だ。もともとアッセⅡは、ゴアレーベンの岩塩採掘跡地を最終処分場に決定するための「試験場」だった。

ところがゴアレーベンも似たような展開をたどっている。調査のための坑道建設中に、何度も淡水や塩水がしみこんできた。この地下には100万立方メートルの塩湖があることが、連邦地質学・天然資源研究所によって明らかにされた。しかも岩塩層の上には粘土層の覆いもなく、地下300メートルにある氷河時代の渓谷には岩屑（がんせつ）が積もっているだけなので、地下水が直接、岩塩層と接触しているわけだ。

ただ、幸いゴアレーベンの最終処分場計画はアッセⅡとちがって、地元住民の粘り強い抵抗によって頓挫し、放射性廃棄物はまだもちこまれていない。

日本では………？

最終処分場については、日本は今後まだまだ、長年にわたって協議が行なわれることでしょう。そもそも地層処分自体がより妥当な解決法なのか、専門家からも疑問が出ています。

低レベル廃棄物については、青森県六ヶ所村に低レベル放射性廃棄物埋設センターがあり、低レベル放射性廃棄物の入ったドラム缶がすでに埋められています。ここは、北側に老部川（おいっぺ）、南側に二又川、尾鮫沼（おぶち）を従えています。丘陵地にあり、沢地と分かれているので、地下水は雨が降ったときにしみこむ程度、というのが埋設施設を建てた理由の1つです。

ところが、実際は地下水の水位が高いという問題を抱えているのです。そのため埋設施設は、申請時の設計を大幅に補正し、ポーラスコンクリートという透水

第4章　放射性廃棄物と処分

性の高いコンクリートを使ったり、排水路を設けたりして、地下水の排水対策を強化しています。

2006年6月16日、低レベル放射性廃棄物埋設センターの事業許可取り消しを求める訴訟について、青森地方裁判所で国側勝訴の判決がいい渡されました。

地下水汚染の可能性については、「たとえ浸水したとしても、その水が放射性廃棄物の容器に達することなく排水されるようになっており、容器の劣化で放射性の汚水が漏れたとしても線量は十分に低く、また地下水の汚染が発生したとしても最終的に尾鮫沼にいたるので問題はない」、というのが判決理由でした。

沼が汚染され、海が汚染されても問題ないということなのでしょうか。

この施設では、これから300年間、放射性廃棄物を管理するのだそうです。

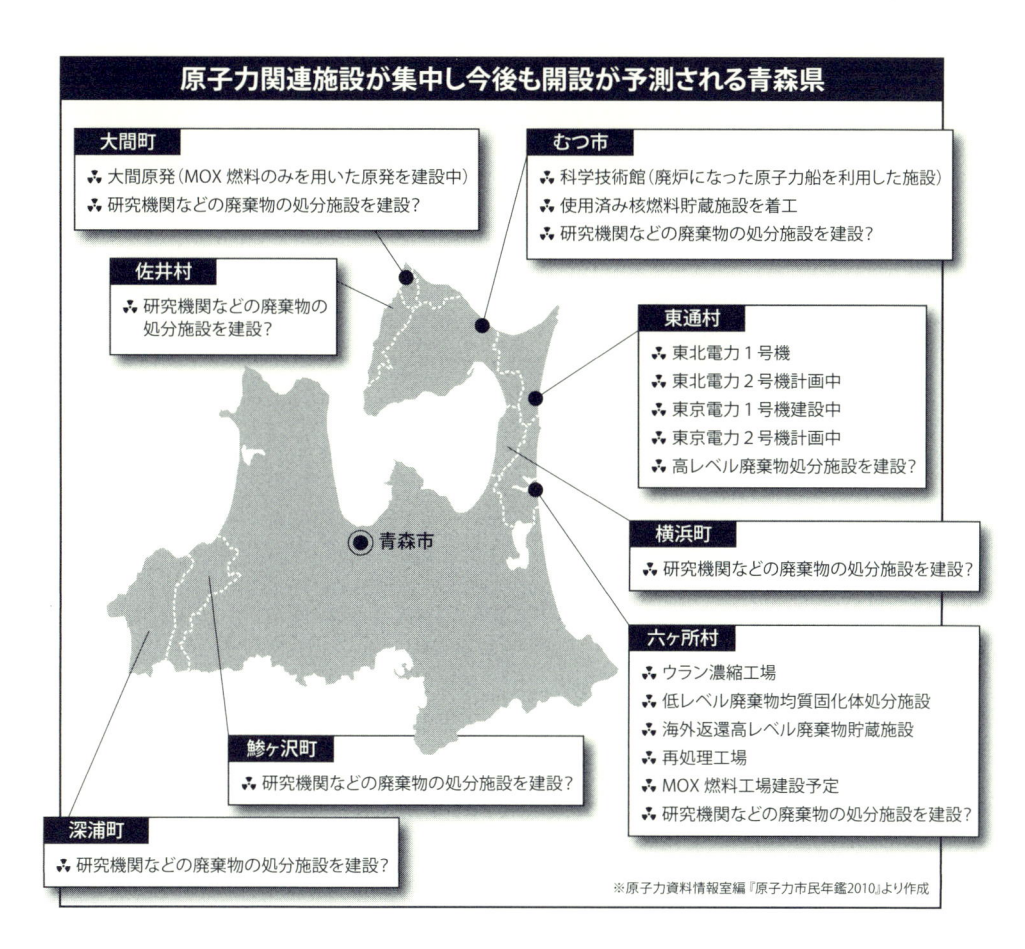

原子力関連施設が集中し今後も開設が予測される青森県

大間町
- 大間原発（MOX燃料のみを用いた原発を建設中）
- 研究機関などの廃棄物の処分施設を建設？

むつ市
- 科学技術館（廃炉になった原子力船を利用した施設）
- 使用済み核燃料貯蔵施設を着工
- 研究機関などの廃棄物の処分施設を建設？

佐井村
- 研究機関などの廃棄物の処分施設を建設？

東通村
- 東北電力1号機
- 東北電力2号機計画中
- 東京電力1号機建設中
- 東京電力2号機計画中
- 高レベル廃棄物処分施設を建設？

横浜町
- 研究機関などの廃棄物の処分施設を建設？

六ヶ所村
- ウラン濃縮工場
- 低レベル廃棄物均質固化体処分施設
- 海外返還高レベル廃棄物貯蔵施設
- 再処理工場
- MOX燃料工場建設予定
- 研究機関などの廃棄物の処分施設を建設？

鯵ヶ沢町
- 研究機関などの廃棄物の処分施設を建設？

深浦町
- 研究機関などの廃棄物の処分施設を建設？

※原子力資料情報室編『原子力市民年鑑2010』より作成

60 放射線それ自体も最終処分場を破壊する要因だ

ドイツから PAR AVION

塩類の岩は放射線で分解されることが、グローニンゲン大学のヘンリー・デン・ハルトーク教授によって証明された。つまり、ゴアレーベンの岩塩層に放射性廃棄物を埋める計画は、悲惨な結果を招きかねないということだ。しかし、所轄当局はいまだに、まともな結論を1つも出していない。

岩塩層が最終処分場に適さないという理由は、ほかにもいくつかある。岩塩層はもろく、いずれ放射性廃棄物の貯蔵室を圧迫し、廃棄物の容器を破裂させる可能性がある。また、この地層はもともと下からの圧力を受けていて地盤が不安定であり、さらに水に溶けやすいことも懸念材料だ。おまけに、ゴアレーベンの岩塩に含まれるカーナライトという鉱石は融点が300度と低く、放射性廃棄物が発する熱で溶融する可能性がおおいにある。

日本では……？

日本で今すぐ原発をすべて止めたとしても、それで問題が解決するわけではありません。

目の前には途方もない高レベルの放射性廃棄物が残されてしまい、それを10万〜100万年先まで、生活環境から隔離できる場所を探さなくてはならないのです。

時間の長さを確認するために、さかのぼって考えてみましょう。10万年前というのは、原生人類ホモ・サピエンスがアフリカ大陸から旅を始めたころです。それから考えると、今から10万年後の人類を想像するのはSFにおまかせしたいほど遠い先の話です。

それなのに、放射性廃棄物は、短くても10万年、より安全を重視するなら100万年以上、生活環境から隔離しなくてはなりません。

2000年6月、日本では最終処分場を選定するための「特定放射性廃棄物の最

終処分に関する法律」（特廃法）ができました。そこには、「地震、火山、隆起、浸食そのほかの自然現象による地層の著しい変動の記録がないこと」「将来にわたって、これらの自然現象による地層の著しい変動が生じる恐れがないと見こまれること」と書かれています。

　しかし、今後10万〜100万年間の自然現象を予測するための記録や文献、地質学的な資料・調査報告など、存在するのでしょうか。

　火山活動も休んだり活発になったりしますから、100万年の間には、現在の火山活動の空白地帯も変動がないという保証はありません。たとえ地震の起こる確率が低いとされている場所だとしても、絶対に地震が起きないという保証はできるのでしょうか？

　そう考えてみると、日本列島に、上記のような評価に耐えうる場所など、どこにもありません。

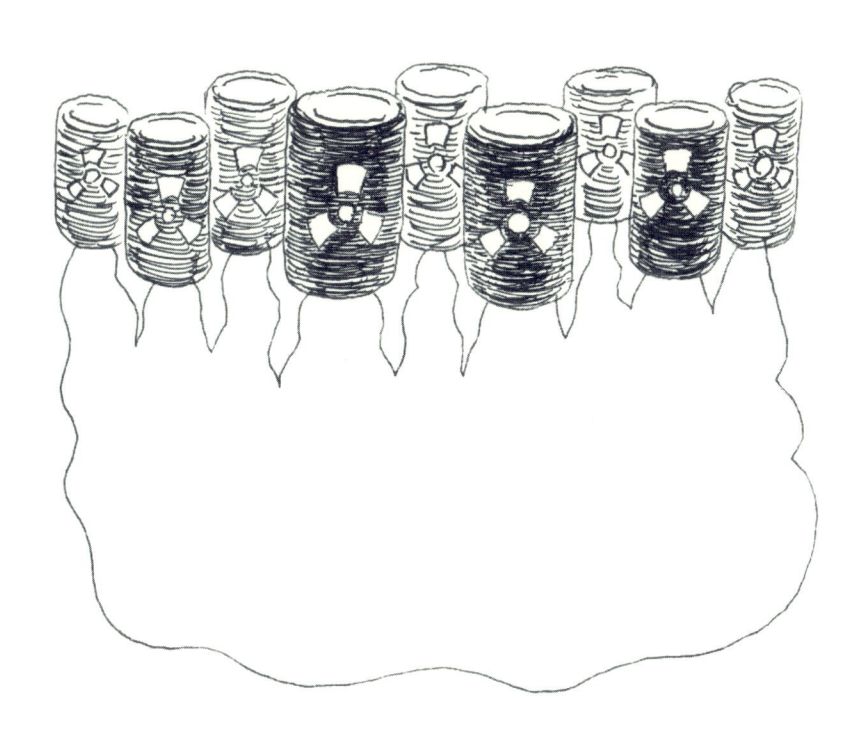

61 安全性の乏しい地層にどれだけ埋め捨てるのか

ドイツから PAR AVION

スウェーデンは、原発から出る高レベル放射性廃棄物を地下深く埋める地層処分を選択し、すでに候補地選定にまでこぎつけている。世界中でもっとも進んだ考え方だといわれてきたこの構想にも、文字どおり亀裂が見つかった。

スウェーデンが選んだ最終処分場の地層は、160万年前からずっと安定しているとされていたが、地質学者グループが調査したところ、過去１万年間だけでも、マグニチュード８に達する大地震が58回も起きていたという痕跡が発見されたのだ。

日本では………？

スウェーデンは、フィンランドとともに高レベル放射性廃棄物の地層処分を決定した国です（アメリカも地層処分を決定したが、現在は白紙状態）。

地層処分の前提となるのは、放射性物質から放出される中性子によって変質しない安定的な地質、そして地震の心配のない強固な地盤です。

日本は、世界で起きる地震の約１割が集中するという、地震の巣の真上にあるので地層処分など論外ですが、スウェーデンなど地震が少ない国でも、過去の地震の痕跡を無視することはできません。放射性廃棄物を処分するには、10万～100万年の安全性を求めなければならないのですから。

スウェーデンの場合はすでに脱原発を選択して、段階的に原発を止めていくと決断しました。放射性廃棄物の処分に関しては、スウェーデンは今後、処分が必要になる廃棄物の総量を計算できるのです。

日本では、いまだに原発の将来計画を根本から論議せず、再処理工場も本格稼働しようとしています。さらに事実上、破綻しているにもかかわらず高速増殖炉さえ、あきらめてはいません。

危険性も、廃棄が必要な総量もわかっていないのに、一体、どのように処分するつもりなのでしょうか。

第4章　放射性廃棄物と処分

62 日用品に化ける放射性廃棄物

ドイツから　PAR AVION

「ボクは昔、原発の一部だったんだよ」。こんなシールが鍋やフライパンに貼ってある日が、そのうちくるかもしれない。ドイツ社会民主党と緑の党の連立政権は、原子炉の廃炉コストを削減するために、放射線防護条例の規制を緩和したからだ。今では、原発施設の解体で出た廃材の大部分を、「一般家庭ごみ」と同じように捨てたり、リサイクルしてもいいことになっているのだ。

日本では…………？

　日本でも、放射性廃棄物のリサイクルは進行しています。2005年から基準をゆるめ、クリアランス制度*が始まっていたのです。

　営業運転を終えた東海原発（日本原子力発電）は解体が進められていますが、放射性廃棄物として特別に扱われる予定のものは、わずか12パーセントほど。それ以外の低レベル放射性廃棄物はクリアランス制度を用いて、一般の産業廃棄物と同じ扱いで処分することができるのです。21パーセントがクリアランス対象物、67パーセントは「放射性廃棄物でない廃棄物」とされました。一体、両者の基準分けはどうなっているのでしょう。

　原子力安全委員会では、原発廃材の金属が再利用されるケースとして、フライパン、鍋、スプーン、飲料缶、冷蔵庫、ベンチなどをあげていますが、当面は電力業界内で使用する方針で、原発のPR館のイスの足などに使われています。

　ちなみに、人形峠のウラン残土からは、レンガもつくられていて、農林水産省や文部科学省の施設内の花壇などに使われていますし、申し込みをした一般の人々にも領布されました。

　福島第一原発事故の後、放射能汚染された建築資材が流通したことが発覚しました。ですが、事故が起きなくても、解体した建屋や関連施設の放射性廃棄物がリサイクルされて、近い将来、私たちの生活のなかに入ってくるかもしれません。

* 原子力施設で用いた資材などに含まれる放射性物質の濃度が、人の健康への影響を無視できるクリアランスレベル以下であることを国が確認する制度

63 弱いところに押しつけられる放射性廃棄物

ドイツから PAR AVION

ドイツのグローナウ市にあるウレンコ社のウラン濃縮工場は、工場から出た劣化ウランをこれまで数千トンもロシアに廃棄してきた。劣化ウランは表向き「核燃料」に分類されているが、実態は放射性廃棄物だ。これが運びこまれた場所は、ウラル連邦管区の「立ち入り禁止」地域。この一帯では錆びついたドラム缶が野ざらしのまま置いてある。

ロシアの核燃料再処理企業テネックス社は、核燃料と名のついた貴重な資材を仕入れたはずなのに、代金はいっさい支払っていない。支払ったのは逆にドイツのウレンコ社のほうだ。事実上、放射性廃棄物を厄介払いできたのだから当然だろう。

日本では………？

フランスのドキュメンタリーで、ロシアのシベリアの奥深くに放置されているドラム缶の映像を見たことがあります。フランスから8000キロメートルの旅をしたドラム缶の中身は、劣化ウランということでした。

ソ連が崩壊してすさまじいインフレになり、窮地に陥った1990年代、ロシアは核施設の維持費が不足し、従業員の給料も払えなかったため、政府と電力業界が諸外国に放射性廃棄物の受け入れを申し出たそうです。この事業により、ロシアの政府と原子力業界には巨額の利益がもたらされたともいわれています。

海外から運びこまれた放射性廃棄物は、表向きは再濃縮する計画ですが、地元の住民は、そのまま埋められて最終処分場になってしまうのではないかと反発しています。

危険な放射性廃棄物を、弱者に押しつけるという構造は、万国共通のようです。日本も、ウラン採掘、製錬、濃縮などで生じる放射性廃棄物をウラン燃料の生産国であるカナダ、オーストラリアなどに押しつけています。劣化ウランも、燃料といいながら引き取りを拒んでいます。

第4章 放射性廃棄物と処分

64 放射性廃棄物の処分法は幻想の世界に到達？

ドイツから PAR AVION

原発を動かし始めた当初、放射性廃棄物は何の問題もないといわれた。その後、科学者たちが次々と処分方法の名案を出してきた。地面にしみこませる、専用の池をつくって沈める、地下水や川に流す、海に捨てる、砂漠に放置する、古い石炭箱や鉄の箱に入れて地面に埋める、北極か南極の氷に閉じこめる、宇宙や月に捨てる……。月に飛ばすのは遠すぎるので中止になった。いくつかのアイデアは実行されて、現在も実施されている。

日本では………？

　放射性廃棄物の処理について、いまだに決定打はありません。とりわけ高レベル放射性廃棄物は、「未来に押しつけた負の遺産」といってもよいものです。

　フィンランドは世界に先立って地層処分場を建設中ですが、それが完成したとしても、「ほかの方法より、ちょっとはマシ」というほどの解決策にすぎません。地層処分は、放射性廃棄物を目に見えない所に封じこめてしまい監視下におけないので、かえって危険だという警告すらされているのです。

　ところが、日本は2000年に原子力発電環境整備機構を設立し、2037年までにガラス固化体約4万本*を地下300メートルに埋設し始めることを決めました。しかし、この計画には、懸念がつきものです。安全性の論議はほかにゆずるとして、ここでは費用面を見てみましょう。

　処分費用は、ガラス固化体1本あたり4000万円ほどかかると見積もられていて、現在、電力会社が毎年、拠出金を原子力発電環境整備機構に納付して積み立てています。ところが、廃棄物の処理にかかる期間は長期にわたるので、実際にどれほどの費用がかかるのかは予測不能です。積立金は運用で殖やしていく計画ですが、それもうまくいくとは限りません。さらに心配なのは、ガラス固化体を引き渡した後は、電力会社は廃棄物に対する責任を問われないということです。

*　2020年までに発生すると見込まれるガラス固化体の本数

65 夢物語の技術 放射性物質の分離・変換

ドイツから PAR AVION

原発を導入したどの国にとっても、頭痛の種は放射性廃棄物の処理だ。そんななか、「核変換」こそ特効薬だと考える人たちもいる。

核変換とは、中性子を使って、半減期の長い核種を短命の核種に、あるいは放射能をもたない非放射性物質に変換することをいう。ただ、この夢の新技術は簡単ではない。まず、混ざり合った高レベル放射性物質を、成分ごとに厳密に分離する。次にそれぞれの成分物質を、特殊な設計の専用原子炉で、莫大なエネルギーを加えて特殊な処理をしなければならない。

この処理法はきわめて複雑で、危険で、高コストである。技術的に実現可能なのか、はなはだ疑わしい。しかも、なお、放射性廃棄物は残るのだ。

日本では……？

放射性物質を変換させて無害にできるとしたら、それは素晴らしい技術です。でも、やはり核変換はまだまだ実用のレベルとはいえません。

1回の処理で変換されるのは2〜3割で、作業を繰り返す必要がありますが、分離と変換を何十回と繰り返すたびに、放射性廃棄物も増えてしまいます。そのうえ、短寿命の放射性物質になったとしても、短い寿命のなかでありったけの放射線を発するようになり、かえって危険ともいえるのです。つまり、実験段階にもいたらない、幻想のようなものです。

こうした研究は、もっと慎重であるべきです。まず優先されるのが「安全であること」は間違いありませんが、「新技術」とは、それにともなう研究開発という新たな利権を生み出すためのものである可能性がとても高いということも、頭の片隅に入れておく必要があるでしょう。

福島第一原発事故後の除染作業でも、いくつかの新技術が発表されていますが、慎重にリスクを検討する必要があります。

第5章

地球温暖化と電力供給

放射能は怖いけど、原発は地球温暖化を防ぐ効果があるし、安定した電力は便利な生活には欠かせないといわれてきました。ところが、「それはウソだった」と、福島の事故以後に聞かされるようになったのです。本当はどうなのでしょう？　じっくり検証してみました。

66 原子力発電の電力は安定供給にはほど遠い

ドイツから PAR AVION

　原子力発電による供給は実際には不安定であてにならず、いつ停電になってもおかしくない。ビブリス原発Aは2007年、安全上の問題があったためにまったく運転できなかった。ビブリス原発Bも同時期に、13か月以上止まっていた。2009年初めにも、この両原発が再び停止。この時はそれぞれ13か月と9か月の休業だった。クリュンメル原発とブルンスビュッテル原発はともに、2007年に運転を止められている。2007年と2009年には、17基の原子炉のうち7基が、修理のため同時に停止した時期もある。

　また、夏場の原発は役に立たない。川の水温が高くなりすぎて十分に冷却できないため、出力を落とさなければならないのだ。

日本では………？

　日本でも、大小の原発事故による緊急停止が少なくありません。

　たとえば、福島第一原発では、1978年、日本で最初の臨界事故が起きています。1989年には、福島第二原発も3号機の原子炉の再循環ポンプが故障して、1年10か月もの間、停止しました。2004年には、美浜原発3号機の配管が破断し、死傷者11名もの犠牲を出すという事故も起こりました。この時は本格運転再開まで約2年半もかかりました。

　また、柏崎刈羽原発は、2007年の中越沖地震で全機がストップ。その後、1年以上を経ても試験運転で不具合が出るなどを繰り返しました。5号機の営業運転再開は2011年になってからです。このように、いったん事故が起きると、長期間停止しなければならないのです。

　そして福島第一原発では、レベル7という最悪の事態にいたりました。放射能の影響や今後の対策が不確かななか、2012年4月になって1〜4号機の廃炉が決まりました。

原発には事故がつきものです。そして、その処置のためには、原発を停止しなくてはなりません。事故によって原発が停止するのは珍しいことではないのです。しかも原発の「緊急停止」には、大きなリスクもともないます。高温になっている炉を短時間で冷却しなくてはならず、それに失敗すれば制御できなくなります。

また、電力を使用する地域と発電する地域が離れているのが原発の特徴ですが、遠隔地から長い送電線を伝わってくる電力は、送電系統のトラブルが発生する確率が高まります。福井県の敦賀原発や美浜原発などで、送電線に雷が落ちた影響で原子炉が自動停止したことも何度かあります。

そのような時も原発は送電線が長いので確認作業に時間がかかり、停電はより長期におよびます。しかも、それでバックアップ・システムが働かなくなれば、苛酷事故につながるおそれもあるのです。非常に気難しく、機嫌をとりながら、だましだまし運転しなくてはならない原発。安定供給とはほど遠いものです。

1995年からの日本の主な原発事故

発生日時	発電所名	事故レベル*	内容
1995年1月30日	島根原発2号機	1	スクラム排出容器水位の異常高で原子炉自動停止
1995年10月24日	東海原発	1	制御棒駆動用ロープが切れ、制御棒1本が炉内に挿入。原子炉手動停止
1995年12月8日	高速増殖炉もんじゅ	1	ナトリウム漏れ。火災発生
1997年3月11日	東海再処理施設	3	低レベル廃棄物のアスファルト固化施設で火災・爆発。環境中に放射能放出
1997年10月24日	敦賀原発1号機	1	制御棒1本の動作不良が見つかり、原子炉手動停止。制御棒に膨張や亀裂
1999年6月18日	志賀原発1号機	2(暫定)	検査中に制御棒3本が抜け、臨界事故。2007年3月まで隠ぺい
1999年7月12日	敦賀原発2号機	1	大量の冷却水漏れ。原子炉手動停止
1999年9月30日	東海村 核燃料加工施設JCO	4	ウラン溶液製造・均一化工程で臨界事故。作業員2名が死亡、周辺住民も多数被ばく
2001年11月7日	浜岡原発1号機	1	配管が爆発。原子炉手動停止
2004年8月9日	美浜原発3号機	1	配管が破断、熱蒸気噴出で5名が死亡、6名が重い火傷。原子炉自動停止
2011年3月11日	福島第一原発1～3号機	7	メルトダウン、水素爆発。4号機でも爆発

＊事故レベルは、1～3は「事象」とされ、1：逸脱事象、2：異常事象、3：重大な異常事象、4：局所的な影響をともなう事故、5：広範囲の影響をともなう事故、6：大事故、7：深刻な事故

※原子力資料情報室編『原子力市民年鑑 2011-12』より

67 原発が止まっても生活に支障はない

ドイツから PAR AVION

2007年と2009年、ドイツの原発全17基のうち7基が停止したことがあるが、その時でさえ、あまった電気を大量に輸出していた。連邦環境省と連邦経財省は、それぞれ独自の調査で、電力不足はまったくなかったことを確認している。原発を段階的に廃止しても停電は起きない。すべて廃炉にしても、再生可能エネルギーやエネルギーの効率化、コージェネレーション*で十分まかなえる。

日本では………？

　日本では、「原発の発電による電力が全体の30パーセントをまかなっている」、そして「原発が止まれば暮らしに困る。産業が立ちいかなくなる」というのが、電力会社のいい分でした。一方、原発に反対する人たちは、「30パーセントといっても、わざわざ火力発電所を止めて、原発のパーセンテージを上げているだけ。数字のトリックだ」と応じます。

　今、私たちは、２つの意見のどちらが正しいのか、認識しつつあります。福島第一原発の事故以来、定期点検に入った各地の原発が再稼働できずに、すべての原発が止まっているにもかかわらず、「電気が足りなくて大変だ」などという実感は、まったくといってないからです（2012年５月現在）。

　振り返ってみれば、つい最近まで、「オール電化」の宣伝がマスコミを通じてさかんにされていました。電力消費の変動に合わせて調整できない原発がむやみに生み出した電力を、私たちは過剰に消費させられてきたわけです。

　これまで、もっとも多くの電気を必要としたのは2001年７月24日で、１億8300万キロワット（沖縄をのぞいた９電力会社の使用量）も消費しました。それは夏の日中の数時間のことです。

　日本の発電容量は、水力が4385万キロワット、火力が１億3315万キロワット

＊　発電時に発生する熱を冷暖房や給湯に活用するシステム。これまでむだに捨てていた熱を利用することで、熱効率を80パーセント以上にまで上げることができる。ちなみに原発の熱効率は33〜35パーセント

第5章　地球温暖化と電力供給

（ともに2011年3月末の発電設備容量）と、合計で1億7700万キロワットです。2001年のピーク時と同じ電力消費量だとすると、水力、火力だけでは、600万キロワット不足する計算です。しかし近年は、電力需要は減少していますし、需要の多い工場などでは、「特定規模電気事業者（PPS）」(**96**参照)に切り替える傾向や、自家発電の導入が進んでいます。家庭の省エネ化も、2001年当時よりはるかに進んでいるでしょう。これからは再生可能エネルギーも伸びてくるはずです。

それでも、2011年の計画停電を思い出すという人がいるかもしれません。あれは、震災後まもなくで、地震などの影響で火力発電所も停止していたところがあったために実施されたものでした。今はもう電力不足の心配はいりません。

しかし、なお心細いというのなら、10パーセントほどの節電をすれば十分です。エネルギーを無自覚に消費する生活を考え直すには、よい機会かもしれません。

発電設備容量と最大需要電力量の推移

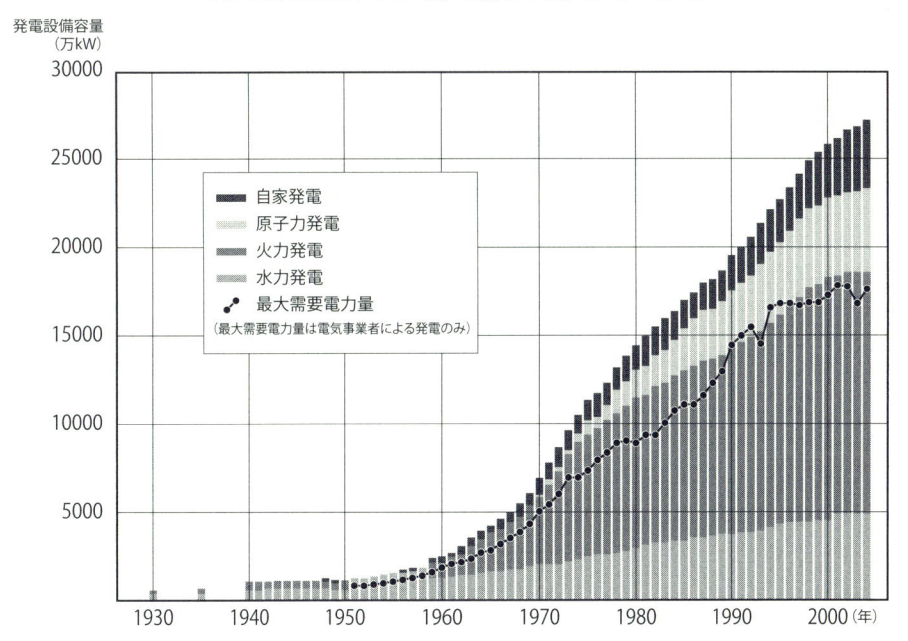

[グラフ：1930年から2000年代までの発電設備容量（万kW）と最大需要電力量の推移。凡例：自家発電、原子力発電、火力発電、水力発電、最大需要電力量（最大需要電力量は電気事業者による発電のみ）]

＊この設備は、常にフル出力で使えるわけではない

※小出裕章著『子どもたちに伝えたい　原発が許されない理由』（東邦出版）より作成

68 原発は地球温暖化阻止に効果なし

ドイツから　PAR AVION

　原発の燃料をつくるためにウラン鉱石を採掘し、製錬し、濃縮するといった工程に必要な作業では、大量の温室効果ガス*（主に二酸化炭素）が排出され、気候変動に影響をおよぼす。
　今後はウラン含有率の高い鉱石の採掘は難しくなる一方だから、同じ量のウランを得るためには、さらに二酸化炭素の排出は増すことになる。
　風力や天然ガス、コージェネレーションよりも二酸化炭素を排出する発電、それが原子力発電だ。

日本では…………？

　ウラン鉱山や製錬所での二酸化炭素の排出については、6でふれています。
　加えて、巨大な原発を建設することや、原発の出力調整としてつくられる揚水発電（71参照）ダムの建設、また、使用済み核燃料の再処理、放射性廃棄物の輸送・処理などでも、多量の二酸化炭素が生み出されるのです。
　電力会社が原発を推進する最大の理由として、近年「原発はクリーンなエネルギー」という言葉をさかんに使ってきました。
　そして、その裏づけとして、「発電時には二酸化炭素を出さない」からだといっています（以前は単に「原発は二酸化炭素を出さない」といっていたのですが、「燃料確保の段階で多量の二酸化炭素を排出するではないか」という批判から、いつからか「発電時には」という言葉が加わっています）。
　二酸化炭素削減にもっとも効果的な発電方法は何かという問題では、原発推進派も反対派も、さまざまな論拠から多くのデータを掲げています。
　そのいずれを信じるかは別として、面白いデータを見つけました。
　1990年から2007年までの日本国内での二酸化炭素の排出量をグラフにしたものですが、これを見ると日本では確実に排出量が増えているのです。

* 地球温暖化の主因とされる気体の総称で、人為的に排出されるものでは二酸化炭素がもっとも大きい。ほかに、メタン、亜酸化窒素など

第5章　地球温暖化と電力供給

　1990年以後は、日本では20基近くもの原発が新規稼働を始めましたが、まったく効果が表われていないことが一目でわかるグラフです。
　二酸化炭素排出量を抑えるためには、発電方法の選択でどうにかできるというようなレベルの問題ではなく、もっと根本的な発想の転換が求められるのではないでしょうか？
　そもそも地球規模でいえば、原発から得られる電力を利用している人は、ごくごくわずかです。それなのに、地球を救う画期的なもののように原発をたたえるのは無理があります。「原発なら大丈夫」なんていう安易な言葉に乗っていては、二酸化炭素削減は先送りされるばかりです。

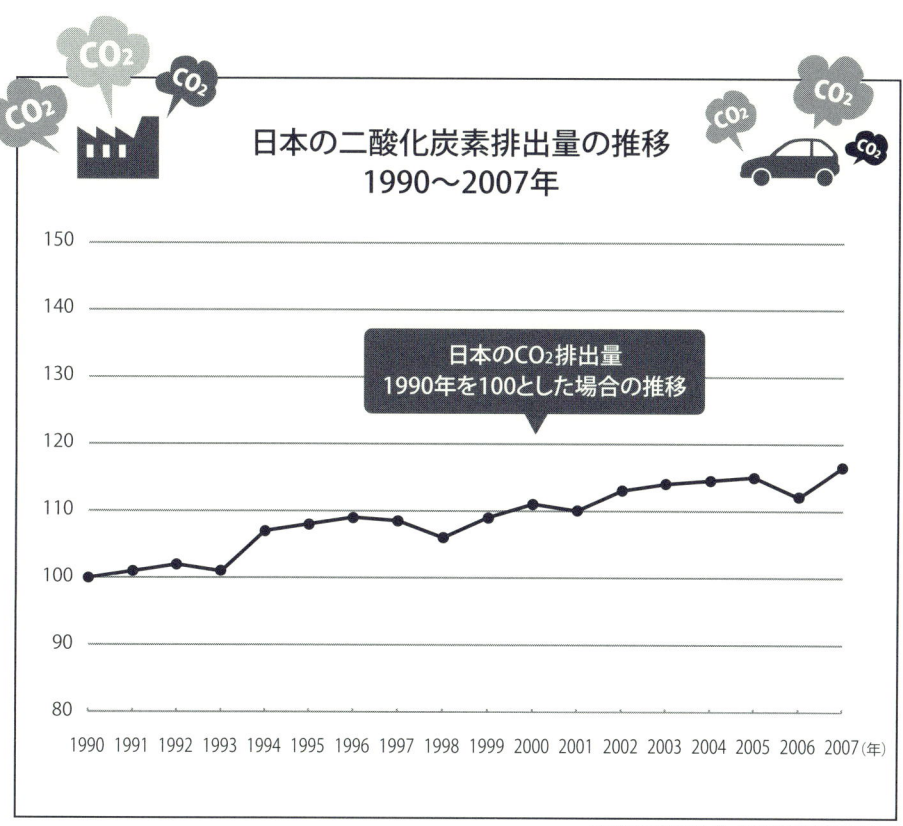

日本の二酸化炭素排出量の推移 1990〜2007年

日本のCO_2排出量 1990年を100とした場合の推移

※2009年国際エネルギー機関(IEA)調査報告より作成

69 原発こそが再生可能エネルギーの障害だ

ドイツから PAR AVION

　世界中で消費されるエネルギーのうち、原子力発電による電力が占める割合はわずか2パーセントあまり。こんなにシェアの低い業種が、どうやって気候変動を救えるのだろう。

　救うどころではない。原発は実際には、風力や太陽光発電など再生可能エネルギーの成長をおさえつけ、エネルギー政策の転換を妨害し、電気を浪費するように誘導し、巨大な資金をのみこんできた。将来も安心できる仕組みをつくるために必要な資金を、原発が奪ってきたも同然なのだ。

日本では……………？

　日本では、太陽光発電や風力発電などの普及が遅れてきました。「効率が悪い」「安定していない」などといって退けられてきたからです。再生可能エネルギーを促進するための法律も、やっと最近、整ってきたところです。

　温暖化対策として日本が行なってきたのは、「原発はクリーンなエネルギー」と宣伝して、古くなった原発を延命することでした。原発は本当に、温暖化対策に貢献できるほど、クリーンなのでしょうか？

　クリーンの根拠は、発電時の二酸化炭素の排出量を、原発と火力発電で比べただけでした。地球温暖化の主因といわれる二酸化炭素の総排出量の90パーセントは、化石燃料を燃やすことで生じます。ウラン採掘や放射性廃棄物の処理などを別として、発電時に限定すれば、原発は「少しはクリーン」なわけです。

　また、原発を増やしても、二酸化炭素を出す火力発電が減っているわけではありません。発電は、必要とされる電力量に合わせた出力調整が欠かせませんが、それができない原発の調整役として、火力発電所は不可欠なのです。

　そして、もうひとつ大きな落とし穴があります。地球温暖化をなぜ阻止しなければならなかったのでしょうか？　それは「環境を守るため」。その点では、原発はまぎれもなくワースト1のエネルギーです。

第5章　地球温暖化と電力供給

70 原子力発電は非効率 エネルギー浪費の典型

ドイツから

> 原子力発電は、核分裂によって生じたエネルギーのおよそ３分の１しか、電力に変換することができない。残りの３分の２はむだになる。そればかりか、温排水となって河川や大気の温度を上昇させ、生態系を壊していく。
> 石炭による火力発電でさえ、原発よりは熱効率が高いのだ。

■ 日本では……………？

　原子力発電では核分裂反応によって得られる熱でタービンを回して電力を生むわけですが、出力100万キロワットの原発なら、その原子炉では300万キロワット分の熱が出ています。

　300万キロワットのうち、電気として利用できるのは100万キロワットのみ。残り200万キロワット分の熱エネルギーは、日本では海水で冷却し、熱くなった海水を海に戻すという形で捨てているのです。

　つまり、海の生態系を破壊する海水の温度上昇のためにエネルギーの３分の２を使い（**17**参照）、残り３分の１のみが、私たちの電気になっているというわけです。

　原発とは、「非常に効率の悪いエネルギー源なのだ」と断言してもよいでしょう。

　もっとも望ましい発電法は、電力がたくさん必要なときに出力を上げ、需要が少ないときには出力を落としたり運転休止にする、といった調整が簡単にできるタイプです。その点、原発はもっとも融通が利きません。

　こまめにスイッチを入れ替えるように調整するのは、原発では非常に大きな危険をともないます。定期点検のために停止する以外は、１日24時間常にフル稼働が原則で、エネルギーを浪費させる発電法なのです。

71 エネルギー浪費へと消費者を誘う原発業界

ドイツから PAR AVION

原発は、常時フル稼働しないと採算がとれない。だが、夜は電力消費がダウンする。電力会社が数十年前から夜間蓄熱暖房機を宣伝してきたのは、もちろん夜間の消費量を伸ばすためだ。しかし暖房は、冬以外にはあまり使われない。夏季の電力消費を増やすためにはどうすればいいか。フランスの巨大原子力複合企業アレバ社が開発したスグレモノは、一年中、電気を消費する空調システムだ。

日本では……？

　出力調整ができない原発は、フル出力を保って発電することが望ましいわけです。そして電力消費も発電量に見合うように平均していると都合がよく、それで推奨されたのが夜間電力を活用する「オール電化」でした。夜間料金を安く設定していて効率的に感じますが、じつは節電・省エネとは逆行するものです。

　電気は蓄めておくことができません。また、電力需要が急変すると、電圧が不安定になります。電力会社としては、捨てる電気を減らせれば利益が上がるので夜間の電気を使ってくれる消費者は大歓迎だったのです。

　発電所自体も、夜間電力を消費しています。それが原発にあわせて設置される揚水発電です。電力需要の少ない夜間に余剰電力を使って下の調整池の水を上にくみ上げ、電力需要が伸びる昼間に上から下に水を落として、水力発電を行なうのです。ところがこの方法は、上にくみ上げるときに使う電力より、水を下に落とすときに得られる電力のほうが30パーセントも少なくなってしまうという、効率の悪い代物なのです。

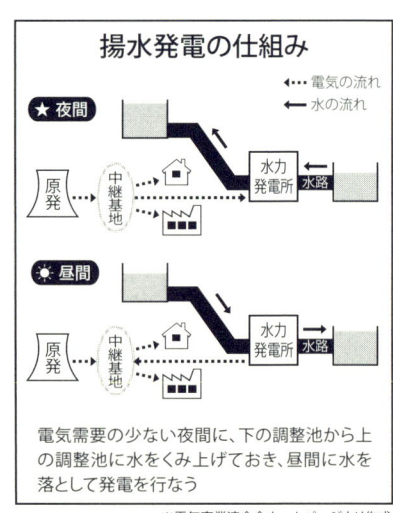

揚水発電の仕組み

★夜間／☀昼間

電気需要の少ない夜間に、下の調整池から上の調整池に水をくみ上げておき、昼間に水を落として発電を行なう

※電気事業連合会ホームページより作成

第6章
権力と利権

国家的なプロジェクトである原発は、大きな利権をともないます。そのため原発の政策は、時には安全性や合理性よりも、政治的判断が優先されます。ここでは、原発の利益がどうやって生み出されるのか、そこに問題はないのかを探っていきます。

72 国が税金を使って原発を全面支援

ドイツから PAR AVION

ドイツでは原子力の技術研究開発費の大部分を国が出している。最初に原発を建てるときの建設費も、廃炉の解体費も、国が莫大な税金をつぎこんできた。資金面以外でも、放射性廃棄物処理費用の保証担保や、輸出に対する国家の信用保証などを与えている。

1950年から2008年までの間に、国が原発部門に直接、間接に支払った助成金は1650億ユーロ。今後さらに930億ユーロを国費でまかなう予定だ。

EUが運営するヨーロッパ原子力共同体（EURATOM）は、これまでにおよそ4000億ユーロを原子力産業にばらまいてきた。現在も毎年2億ユーロほどの税金を、原子力の新規プロジェクトや研究に投入している。

日本では………？

原発を推進し、原発誘致を進めるために日本で導入されたのが、「電源開発促進税法」「電源開発促進対策特別会計法（現・特別会計に関する法律）」「発電用施設周辺地域整備法」です。これら3つの法律を合わせて「電源三法」と呼ばれています。

電源三法は、第一次オイルショック後の1974年に制定。火力や水力発電も対象に入りますが、現在では、主に原発に関する法律として知られ、原発立地を地元に承諾させるための財源を確保するためのものとなっています。原発は雇用効果が小さいこと、発電した電気は遠隔地に運ばれてしまうことなどへの、住民の不満を解消することが目的です。

交付金は、主に原発がつくられる市町村にわたる費用です。一部、県を通して隣接する市町村へも交付されます。

原発の受け入れを表明すると、まず「環境影響評価調査」が始まりますが、この調査開始の翌年から交付が始まります。調査期間中は毎年約5億円、着工すれば年間70億円以上の予算がつきます。その後、運転を開始すると、毎年、約15

億円の交付を受けられるのです。

　それらを合わせた額は、資源エネルギー庁の試算によると、2000年ごろから主流になっている出力135万キロワットほどの原発なら、20年間で約540億円、加えて固定資産税として348億円入る計算です。

　国の単年度あたりの交付金額は、2010年度は1097億円でした。これは世界でも類を見ない、巨額の税金投入といえます。

　交付金の使い道としては、道路や水道などのインフラ整備、文化施設、福祉施設、医療施設など、また人材育成費や地域のイベント支援、物産展の開催費用など、幅広く利用されています。

　ところが交付金や固定資産税は、運転を開始してから10年もたてば半分ほどに減っていき、つくられた文化施設など箱物群の維持費は経年劣化とともに膨らんでいきます。財源に困った自治体は、また新たな原発を誘致して財源回復を図るという傾向があります。

　こうやって、原発に依存しなくては成り立たない社会がつくられていくわけです。

　原発誘致の過程では、巨額の交付金をめぐって賛成派と反対派で分断され、地域社会に深い亀裂を生んできました。原発を誘致する町や村は、たいてい働く場所も乏しいわけで、雇用も原発に頼らざるをえなくなります。

　一方、交付金の財源は、電力会社が1000キロワットアワーごとに375円を納付する電源開発促進税があてられますが、もちろん、それは電気代の一部として私たちが負担しているお金です。

COLUMN
原発立地自治体は本当にうるおっているの？

　原発を誘致することで、原発立地自治体は大きな財源を得られます。「電源三法」による交付金に固定資産税が加わり、建設中は雇用も促進し、人や物の出入りも増えます。それで、「自治体の振興のために原発が必要」といわれるのです。はたしてそれは本当でしょうか。

　そこに疑問をもった知事がいました。前福島県知事の佐藤栄佐久氏です。福島第一原発のある双葉町が、1991年、さらに増設の要望を決めたことを聞いて驚いたと著書に書いています。

　1960年代なかばから町の財源をもたらす大きな存在だった福島第一原発も、年々、固定資産税は下がっていました。新規原発を誘致できれば、経済効果が見こめますが、ちょうど電力会社のトラブル隠しなどによって、誘致は進みません。やがて2009年、双葉町は「早期健全化団体[*1]」に指定され、町の財政は危険水域に入ります。

　原発は、稼働してから20年もたつと、お金を生まない存在に変わっていきます。財政も雇用も原発に依存し、ほかの選択肢をなくしていくと、原発を新設するしかなくなっていきます。

　じつは、原発があるにもかかわらず、国から地方交付税を受けている交付団体は、不交付団体より多いのです。不交付でやっていけているのは8町村（2010年）[*2]のみです。

　交付団体である原発立地市町村に共通しているのは、財政を地方交付税と原発財源に大きく依存している点です。また、電源三法による交付金でつくられた公共施設の維持費が、乏しい財政をより圧迫していることも特徴的です。

*1　自治体の財政が悪化して、実質赤字比率、連結実質赤字比率、実質公債比率、将来負担比率の4指標のうち、1つでも基準値を超えると指定され、財政健全化計画が義務づけられる
*2　再処理施設などがある六ヶ所村を含め、泊村、女川町、大熊町、東海村、刈羽村、御前崎市、玄海町の8町村

第6章　権力と利権

73 原発事業の優遇税制

ドイツから

ドイツではウラン燃料は、燃料のなかで唯一非課税になっている。これは実質、巨大原発企業への毎年数十億ユーロにものぼるプレゼントと同じだ。また、核燃料の製造段階で放出される温暖化ガスに対しても、原発企業は排出権の購入[*1]を免除されている。

日本では……？

　日本には、原発の炉心に入れる核燃料の価格などに対して県が課税する「核燃料税」という税金があります。原発が稼働し続けるかぎり、巨額の税収が見こめますし、この税収がいくら大きくても、国の地方交付税の交付金を減らされることはありません。この税金を、全国の原発を抱える自治体13県が採用しています。

　核燃料税創設当初の税率は5～7パーセント程度でしたが、更新を重ね、現在は12～14.5パーセントです。原発施設が増設されたり税率が上がれば、税収も増えていくというわけです。たとえば福島県の場合、年度単位で44億円。第7期課税期間（2007～2012年）の税収見こみは総額264億円でした。もちろん、電力会社はその分を電気料金によって、私たちから徴収します。

　しかし、福島第一原発の事故後に定期検査に入ると、再稼働できずに全原発が停止しました（2012年5月現在）。停止すれば核燃料は使われず、税収はゼロになります。そのため、2012年度当初予算案では11道県が税収の計上を見送りました[*2]。

　一方で福井県は、原発の規模に応じて課税する出力割という方式を導入しました。要するに、停止中の原発でも出力に応じて課税しようというのです。今までの税率12パーセントを17パーセントに上げ、そのうちの半分の8.5パーセントの61億円を出力割で予算に計上。2012年度は停止中にもかかわらず、約60億円もの税収が見こめることになりました。青森県も石川県も、福井県に続く模様です。

[*1] 地球温暖化防止の施策。国家間以外に、企業も温室効果ガスの排出を抑制するか、排出量に見合った排出権を購入する
[*2] 福島県は「県内全原発の廃炉を宣言している」として計上せず

74 核廃棄物処理も廃炉費用も非課税の恩恵

ドイツから PAR AVION

　巨大原発企業の収入のうち数十億ユーロが、将来の原発の解体や放射性物質貯蔵のための引当金という名目で、寛大な非課税の恩恵をこうむっている。利子収入までもが非課税だ。
　電力会社はこれまで数十年間、その非課税枠で蓄えてきた約280億ユーロを、実際には企業買収や新規事業への投資の軍資金として流用してきた。この非課税措置によって、連邦財務省は82億ユーロの税収を見逃したことになる。

日本では………？

　老朽化する原発は、やがてその処分が避けられない難題となってのしかかってきます。使用済み核燃料の再処理費用や高レベル放射性廃棄物などの最終処分の費用は、通常であれば、各電力会社が税引き後の利益を内部留保として蓄えておくべきものですが、日本の電力会社は、原子力環境整備促進・資金管理センターに非課税で積み立てています。
　2010年度の残高は、再処理等積立金が2兆4410億円、高レベル放射性廃棄物の最終処分積立金が8200億円、低レベル放射性廃棄物の地層処分積立金が170億円、合計で3兆2780億もあります。積立金を支えているのは、私たちの払う電気料金です。
　また、原子炉の解体費用についても、原子力発電施設解体引当金として積み立てることが、電気事業法で課せられています。
　ちなみに、この資金を管理する原子力環境整備促進・資金管理センターの役員には、東京電力の役員や経済産業省からの天下りなどが就きます。

第6章 権力と利権

75 巨額の開発・研究費用を吸い上げる原子力発電

ドイツから

ドイツでは、すでに見捨てられた核施設が、数十億ユーロもの研究予算を奪い取ってきた。研究炉、教育訓練用炉、実験炉、原型炉（開発段階の炉）、実証炉（大型核施設の検証段階の炉）、高速増殖炉、ホットセル（放射性物質を取り扱うための専用施設）、カールスルーエの再処理パイロット・プラント、などなど。

1950年代からこれまで、ドイツ政府が勝手に原子力の研究や技術開発に膨大な税金をつぎこんできて、とっくの昔に閉鎖されたこれら危険な核の廃墟に、今なお大金が投入されている。解体、除染、放射性廃棄物の処理など、これまで連邦教育研究省が使った税金はほぼ30億ユーロ。

今後も数年間、さらに同額の出費が見こまれている。その資金こそ、もっと建設的なほかの分野の科学研究に必要な財源だというのに。

日本では………？

日本では45年たってもいまだに稼働できない核燃料サイクルシステムに、これまで11兆円もの国費を投入してきました（東京新聞　2012年1月5日）。

判明した分は9兆9900億円ですが、プルトニウムとウランを混ぜたMOX燃料の製造費用は、電力会社が非公表としているため集計には含まれていません。原子力委員会は、「聞かれたことがないので集計していない」と説明しています。

稼働していないものにすでに研究設備費を10兆円かけて、しかもまだ膨れ上がっていくというのですから、彼らが集計したくなくなるのは当然かもしれません。

毎日新聞の2012年1月22日の記事によると、日本は2010年度のエネルギー研究開発に総額3550億円を計上しましたが、そのうちの69パーセントの2481億円が原子力関連です。

アメリカでは、総額4200億円のうち18パーセントの782億円だけが原子力関連であり、29パーセントを省エネルギー研究に、27パーセントを再生可能エネルギーにあてています。国内の電力の75パーセントを原発でまかなっているフランスでさえ、原子力関連は44パーセントの534億円にすぎません。

日本の原子力エネルギー開発への偏重は、世界でも特異です。

2012年度の国の予算では、原子力関係分として4188億円を上げています。内容を見ると、783億円が安全・事故対策、2095億円が原発立地自治体への交付金、そして1310億円が研究開発です。

さすがに福島第一原発事故後は、従来の研究開発費は抑えられ、安全や事故対策研究費が増えていますが、それでも「もんじゅ」を中心とする核燃料サイクルの研究開発予算には300億円が計上されています。

この原子力研究開発予算の原資のほとんどが、電気料金に上乗せされている「電源開発促進税」です。私たちが家の電気料金を支払うことが、原発開発促進に加担していることになるのです。

世界的に見ても社会システムそのものが変わる時期を迎えている今、研究開発費を、原発にではなく、もっと多様なエネルギーの研究開発に使用するべきでしょう。

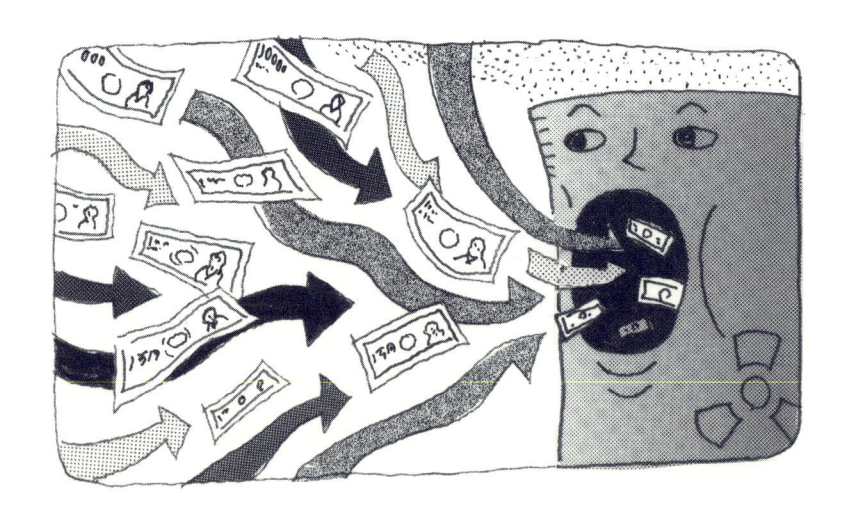

第6章　権力と利権

76 運転年数が延びるほど儲かる原発企業

ドイツから

　ドイツの原発はすべて、とっくに減価償却が終わって発電コストが低くなっている。しかも、賠償責任や燃料税は引き続き免除されているし、内部留保も非課税なので、発電単価はかなり安くなっている。ところが消費者は恩恵に浴しておらず、その理由にも気づいていない。

　その理由とは、電気料金はピークロード価格制*にもとづき、ピーク時の価格に支配されるということだ。大手原発企業だけが、古い原発で電気を安く生産し、需要のピーク時に対応した高い価格で消費者に売ることができる。

　原発の寿命を延ばせば延ばすほど、電力会社に利益が転がりこむ仕組みだ。2002年から2007年の間に、エーエヌベーヴェー、エーオン、エルヴェーエー、ヴァッテンファルの大手原発企業は利益を3倍に伸ばした。

日本では………？

　日本では、電気料金を決めるのに「総括原価方式」を使っています。総括原価方式というのは、必要経費に事業報酬（電力会社の利益）を上乗せしたものを電気料金にする制度ですが、これが現在、「電力会社の莫大な利益を生む仕組み」だと批判されています。でもじつは、この料金体系は、ガス料金、水道料金、鉄道運賃、バス運賃などにも採用されているもので、ただちに「総括原価方式だからダメ」とはいいきれないのです。

　では、実際、この体系で、どのように電気料金が算定されているのでしょう。まず「必要経費」から、内容を見てみましょう。

○発電に直接要する費用：燃料費、減価償却費、修理費、人件費、燃料運搬費（フランス、イギリスから運ばれるMOX燃料や放射性廃棄物などの運搬費用も含む）など。

＊　電力需要のピーク時に電気料金を割高にして、消費を抑えて需要の集中を緩和するための課金制度

○原発に固有の費用：使用済み核燃料処理費用、放射性廃棄物処分費用、廃炉費用など。
○諸税：電源開発促進税（交付金として原発のある自治体に支払われる）など。
○そのほかの費用：業界団体への拠出金、財団法人への会費、自治体への寄付金、広告費、PR施設（原発周辺の展示館など）、社内の福利厚生（飲食施設維持費、保養所の管理費、サークル活動費、1人あたり年間8万5000円の福利厚生補助、自社株購入奨励金、年8.5パーセントの財形貯蓄の利子、書籍購入費など）。

次に、「資産」の内容を見てみましょう。この資産の3～5パーセントが事業報酬として上乗せされるのです。
○固定資産：原発の施設もこれにあたります。
○建設中資産：建設中のものまで算入します。完成が遅れても、その分、電気料金に上乗せする期間が長引きます。
○核燃料資産：使用している燃料だけではなく、加工中のもの、再処理になっているもの、これから後に使う予定で購入契約したものまで含まれます。おまけに使用済み核燃料は、再処理すれば使えることになっているので立派な資産というわけです。
○特定投資：日本原子力研究開発機構などへの投資です。
○繰延資産：支出した費用の効果が後年度にわたる場合、支出費用は数年度にわたって分割して償却しますが、そのため資産として計上する分です。
○運転資本：原発1基建設するのに3000億～5000億円ともいわれます。使用済み核燃料も資産となって備蓄され、研究や施設への投資も膨大です。

これらすべての合計の3～5パーセントが、事業報酬（電力会社の利益）として確保されるわけです。

これだけの内容の必要経費と事業報酬が、電気料金として請求されてくるのですから、この内容は、私たちにも無関係ではありません。むだはないのでしょうか、建設中資産など、原発特有の事業報酬は適切でしょうか。

電力会社はこれらについて、電力使用者にきちんと説明する必要があります。

第6章　権力と利権

77 市場の支配者が決める電気料金

ドイツから PAR AVION

　原発があるにもかかわらず、電気料金はここ何年も上がり続けている。その最たる原因の1つは、ライプチヒの電力市場を牛耳る4大電力会社の支配力にある。

　この4社、エーエヌベーヴェー、エーオン、エルヴェーエー、ヴァッテンファルは、2002年から2008年の間に電気料金を50パーセント以上値上げし、合計1000億ユーロ近い利益を計上した。原発は4つの巨大電力会社の市場支配力を不動のものにし、数十億ユーロの安定した利益をもたらす。

　それとは対照的に、再生可能エネルギーはすでに電気料金の値下げ効果を発揮している。消費者は、風力発電で年間数十億ユーロもの節約が可能になる（メリットオーダー効果*）。

　もし原発に与えられている圧倒的な優遇措置や交付金を撤廃し、たとえば現実的な金額の賠償保険を原発事業者に義務づけ、内部留保に課税し、ウラン燃料税も導入すれば、原発由来の電気は暴騰して誰も買えなくなるだろう。

　かつてスイスのバーゼルに本社を置くプログノス研究所が、実態に即した原発由来の電気料金を試算した。それによると1992年の時点で、料金は2ユーロ／キロワットアワーだった。

日本では……？

　2012年に入って、日本で電気に関して集中している話題は、原発の賛否とともに、電気料金の値上げについてです。値上げの主な理由は、「原発を止めて火力を動かすので、燃料費がかさむ」というものです。もともと原子力はほかの発電方法よりコストが安いということがセールスポイントの1つでした。ところが福島第一原発の事故後、そのコスト算出の仕方が適切かという疑問が出てきたのです。

　そんな世論を受けてのことでしょうか、2011年12月、政府のエネルギー・環

＊　電力会社がコストの安い発電方法の順で稼働し、電気料金が下がる効果。消費者が電力を選べるドイツでは、実際に太陽光や風力由来の電気が価格を下げている

境会議では新たにコストの試算方法を見直し、原発コストは最低でも8.9円／キロワットアワーとしました。2004年の試算が5〜6円／キロワットアワーだったので、3円ほどの急騰です。これは、これまで算定に加えていなかった立地自治体への交付金の3183億円なども加算した結果です。ところが、それでもコストに加えられない隠された部分があるといいます。

たとえば、原発は都市から離れた場所に建てられていて、ほかの発電よりも送変電設備のコストがかかります。電力需要に合わせて調整できない原発のために必要な、揚水発電のコストも考慮されていません。また、ウラン採掘地や製錬所の周辺環境の整備費用も、環境破壊の度合いに見合っていません。

安全を確保するためのコストも、これまで低く見積もられてきたものです。原発は大小の事故や地震、不祥事の発覚などで停止されることが多く、稼働率が下がればコストは必然的に上がりますし、修理費や耐震補強費もかかります。安全性を重視すれば、原発のコストは膨れ上がるはずです。

また、やがて必要となる廃炉の費用などは、一応、算出されてはいるものの、商業炉で廃炉を完了した例は世界中でも数少なく、コストは確実なものではありません。使用済み核燃料や放射性廃棄物の処理費用なども同様です。たとえば、再処理コストは、0.5円／キロワットアワーとなっていますが、これは六ヶ所再処理工場が40年間、無事故で稼働した場合の計算だそうです。実際はトラブル続きで、本格稼働の見通しさえたっていません。

また、福島第一原発の事故の補償などで明らかになったように、事故補償にかかるコストを十分に見積もってこなかったために、実際には資金不足であることが明らかになったときには、結局、税金から支払われることになるのです。

2012年4月、原子力委員会の小委員会は、核燃料サイクル政策のコスト試算を発表しましたが、そこには「原発から出る使用済み核燃料を再処理しないで直接処分すると、2〜3割安くなる」とありました。

これまでの政策をくつがえす数値を初めて公表したわけですが、推進に偏ってきた試算を、マイナス面を含めて発表することは、本来あたり前のことでしょう。

78 商業ベースでは成り立たない新規原発

ドイツから

この20年で、世界の原子力発電の総出力が数十万キロワット増加したにもかかわらず、市場経済に新規参入した原発はほとんどない。この事実は、新規原発が商業ベースでは採算がとれないことを物語っている。

この傾向が現在も変わっていないことは、フィンランドとフランスで建設中の最新の原発を見ればわかる。フィンランドの原発は、補助金漬けの定価というダンピング価格で建設が決まった（しかもバイエルン州立銀行の特別優遇融資つきで）。だが建設コストは激増し、とっくに当初の予定を超えている。

フランスでは、世界最大の原子力関連複合企業アレバ社が政府の支配を受けており、電力会社は国営のフランス電力公社一社のみ。市場原理を考慮に入れる必要もない。

ドイツ内外で原子力発電や火力発電を手がけるエーオンの経営者は、「国の金なくして原発などあり得ない」と率直に認めている。

日本では……？

世界で原発の新規建設はかなり難航しているようです。さらなる安全性を求められ高度な技術を必要とするため、建設にはトラブルがつきまとい、建設期間が予定より大幅に長引くうえに、建設資材費が高騰していくというケースが多いからです。

ドイツからのメッセージにあるように、フィンランドのオルキルオト3号機は、2005年に着工したときは予定された建設費は32億ユーロ（約4000億円）でした。それがトラブルや新しい設備投資で工事が長引き、アレバ社などからの追加請求で1兆円以上に膨れ上がり、とうとう2012年には約1兆5000億円を超えることになってしまいました。

フランスでも、フラマンビル原発3号機の建設の完成予定が遅れて、当初予算

の1.5倍を軽く超え、アメリカではカルバート・クリフス原発3号機の建設が凍結されています。
　世界では、もはや原発は建てれば建てるほどコストが高くなるということが、事実として判明しています。各国のエコノミストは新規原発への投資に否定的で、アメリカの大手格付機関であるムーディーズは、「新規原発を建設する電力会社の債券価格は25〜30パーセント低落する」といっています。
　福島第一原発事故を経験した今、ドイツ、スイスに続いてイタリアも脱原発を選択しました。今や消費大国といわれたアメリカでさえ、エネルギー開発予算で一番多くを占めるのは省エネルギーの分野です（**75**参照）。
　しかし、事故の当事国・日本では、国の原子力関係の予算は、事故前が4236億円、事故後が4188億円（事故対策費は含まない）と、わずか1パーセントあまり減ったにすぎません。今もなお、原発は国から莫大なお金を得て「安い発電」とうたわれているのです。

79 巨大寡占企業と電力供給の強権構造を支える原発

ドイツから

> ドイツの電力市場は4大電力会社に支配されている。彼らは送電網を独占し、原発を運営し、電気料金を決め、国家のエネルギー政策にまで信じられないほど深くかかわっているのだ。この「ビッグ4」の市場支配力は、原子力によって支えられている。
> 一般市民や地方自治体が運営する、環境にやさしくて効率のいい地方分散型の発電所は、巨大企業の電力市場支配力を弱めてしまう。だから原発事業者は、地方分散型発電ができないよう全力で阻止しようとする。

日本では……？

　日本では全国を10の地域に分け、各地域で1つの電力会社が事実上、市場を独占しています。それぞれ北海道、東北、東京、北陸、中部、関西、中国、四国、九州、沖縄という名を冠したこれらの電力会社10社は、国から手厚い保護を受け、送配電設備も占有しているので、市場競争はないも同然の巨大寡占企業です。

　とはいえ、日本にも電力自由化の波が押し寄せ、1995年に法律が改正されました。ところが肝心の送電線を電力会社が握っているため、新規参入者が顧客に電気を送るには、高額な託送料を支払わなくてはなりません。中小規模の参入者にとっては、国をバックにした既得権益を守りたい巨大企業を相手にしなくてはならないというわけです。

　事実、東日本大震災の直後の一時期、東京電力は電力供給の安定化を理由に、送電線の利用を一方的に止めてしまい、市場での取引が停止されました。新規参入組は供給できる電気を確保していたのに、顧客には送電できなかったのです。大手の特定規模電気事業者（PPS）エネットの損失は、数億円を超えたそうです。

　新規参入者のシェアはいまだにわずか数パーセントで、自由化とは名ばかりの状態です。政府も、積極的に自由化を推進しようとはしていません。

　一方、原発推進のためには、巨額の「電源開発促進税」がふんだんに使われて

きました。この国税は電気料金といっしょに徴収されています。請求書に書いてないだけで、基本料金のなかに合算してあります。ひと月あたりの電気使用量が260～300キロワットまでの標準世帯で月額平均がおよそ110円、税収総額は2008年度で3300億円。この半分近くが原発立地自治体にわたっています。

　電源開発促進税の残り半分は、電力会社が会員となっている公益法人[*1]への拠出金などにも使われます。たとえば、電力会社が会員となっている経済産業省所管のエネルギー関連などの公益法人などですが、じつは、こうした団体は、経済産業省や文部科学省を中心とした官僚OBの天下り先となっています。このような公益法人への天下りは、2011年も120人[*2]を超えています。

　東京電力は現在、公的支援を受けているため、一部の公益法人からは退会したものの、加盟し続けている公益法人もあり、拠出金も支払っています。

　また、こうした団体を経るなどして、官僚OBは電力会社にも天下りします。10大電力会社は例外なく天下り先となっていて、東京電力に天下った官僚OBは、毎年約50人。なかでも目立つのは、東京電力の副社長のポストで、1962年から経済産業省（旧通産省）の首脳OBの指定席となっています。

　一方、電力会社に籍をおきながら、電力会社の社員が非常勤の国家公務員として採用されるケース（天上がり）も多く、その数は2001年以降、99人にのぼります。採用期間はおおむね2～3年間ですが、その間は国が給与を支払います。

　官僚と電力会社は非常に太い「絆」で結ばれているわけです。こうした強い結びつきのなかでエネルギー政策が左右され、原発の安全性の審査も進められているのです。

　電力の地域独占が続くかぎり、とくに一般家庭では選択の余地なく電力会社の電気を使い、言い値の電気料金を支払うしかありません。たとえ原発由来の電気を使いたくなくても、原発立地自治体を荒廃させる交付金のあり方に賛成できなくても、大量の天下りや外郭団体を養う気になれなくても、電気代を支払わなければライフラインを切られてしまいます。

　でも、本当に、私たちには選択肢がないのでしょうか？

[*1]　会員企業の会費や寄付で運営されているが、電力会社は最大の拠出先
[*2]　天下り、天上がりの人数は、いずれも2011年9月25日の毎日新聞より

COLUMN
電力会社に顧客として意思表示する方法

「原発はもうまっぴら」、そんな気持ちをもっていても、現状では、私たちは推進側を支えていることになります。**75**や**79**などでもふれましたが、私たちは電気料金に加算されている「電源開発促進税」の支払いを拒否できないからです。地域独占が崩れて真の意味での電力の自由化が達成されないかぎり、私たちは電力会社の顧客でありながら、意見をいえない立場なのです。

そんな状況を少しでも変えていきたいと、面白い行動を始めた人がいます。「電気料金不払いキャンペーン」です（くわしくは「なくそう原発、不払いしよう電気代！」を参照http://d.hatena.ne.jp/toudenfubarai/）。

まず、自動的に銀行口座から電気料金が引き落とされる口座引き落としをやめて、払い込みに変更しましょう。すると、毎月振り込み用紙が送られてきますが、これを期日内に支払わないようにするのです。2か月以上ためると電気が止められますが、止められる直前に支払います。

もしくは、電力会社から集金人が請求にやってくるかもしれません。そうしたら、「原発を止めてください」と伝え、1か月分だけ払うというのもいいでしょう。

郵便局のATMを利用するのも、いい方法です。期日内なら郵便局のATMで、振り込み金額の訂正ができるからです。画面にしたがって手続きをしていくと「金額の確認」という画面が出てきますから、そこで減額して振り込むのです。減額分は後から再請求がきます。

こうすることで、電力会社への入金が滞り、集金や再請求などの負担が増します。しかし、それ以上に意義があるのは、原発に反対する人が存在することを電力会社に知らせることです。利用者の側も電気の消費に対して、より意識的になるでしょう。不払い運動や商品ボイコットは、市民の間に脈々と受け継がれてきた意思表示の手段。個人が企業や団体に抗議するためにできるささやかな抗議の形です。これをどんどん広げていけば……!?

第7章
自由 と 民主主義

原発の問題は、単なるエネルギーの問題にとどまりません。非常に大きなリスクがある半面、時には巨大な利益も誘導する原発に、推進の過程で、人も社会も翻弄されてきました。原発は、私たちの社会にどんな脅威を生み出してきたのでしょう。私たちはその脅威にどう向き合えばいいのでしょう。

第7章　自由と民主主義

80 幸福と平和を望む人びとの権利を脅かす原発

ドイツから

　使用済み核燃料を入れたキャスク輸送に反対するデモが行なわれようとすると、権力者は私たちの集会の自由と基本的人権を踏みにじる。

　広い場所での集会には規制がかけられ、乱暴な警官隊を動員して平和的な抗議活動を封殺する。一帯の道路はすべて閉鎖され、デモ参加者は身動きもできないまま何時間も氷点下のなかで立ちつくす。トイレがない場所もある。

　さらに数千人のデモ参加者を、裁判所の令状もなしに、留置場や独房、車庫、体育館、時には鉄の檻のなかに、数日間も拘留する。場合によっては裁判所による審査さえしない。これまで公安警察は長年にわたり反原発派をテロリスト扱いして、監視や尾行や盗聴、時には家宅捜査を行なってきた。

　私たちの基本的人権を侵害する権利が、彼らにあるのだろうか？

日本では………？

　上記のドイツからのメッセージを読んで、苦しい抗議活動の様子を想像すると同時に、そうしたなかで脱原発を勝ち取った皆さんの決意の強さも感じます。

　日本では「デモは違法行為」だと思っている人もいるようですが、デモは違法行為などではなく、憲法で保障された私たちの権利です。

　日本でもチェルノブイリ原発事故後、市民によるたくさんの抗議行動が行なわれました。福島第一原発事故以降は、さらに反対運動が盛り上がり、日本の各地でさまざまな抗議行動が行なわれています。

　2011年9月11日には、ノーベル賞作家の大江健三郎さんらの呼びかけで、6万人もの人たちが都内で集まり、デモの隊列が街を歩きました。しかしマスコミでは、このことはわずかにしか報道されず、まるで日本には市民による抗議行動が存在していないかのようです。

　しかも、何千人、何万人もいる参加者は、「交通を混乱させる」という名目で、

警察によって200人程度の小さなグループに分断され、グループとグループの間を大きく離されます。道行く人の注目を集めないように、小さな集団にさせられてしまうのです。目抜き通りを覆いつくすような欧米のデモなどからは想像もできない、ほかの民主的な国ではありえないような光景が、日本ではつくられています。

原発に反対する市民は、仕事を休み、交通費を使い、手弁当で抗議行動に参加します。そうまでして行動するのは、私たちの暮らすこの日本の自然と、人びとが健康的に暮らす権利、憲法に保障された基本的人権を守りたいからです。

原発事故によって、私たちの暮らしと自然は大きく傷つきました。それなのに、原発に対して異議を唱えることが、どうしていけないのでしょう？

デモのほかにも、市民が主催する学習会や集会、意見広告や住民投票、「民衆法廷」による模擬裁判なども、私たちの意思を表わす大切な活動です。

実際、石川県・珠洲（すず）原発、三重県・芦浜原発、新潟県・巻原発、高知県・窪川原発などが建設できなかったのは、市民の粘り強い運動があったからです。そして今も、山口県・上関原発の建設を、対岸の祝島（いわいしま）をはじめとする人びとの抗議行動で止めています。

基本的人権を守る行動は原発の問題だけではなく、さまざまな社会問題ともつながっています。これまで市民活動によって、多くの公害の事実が明らかにされ、企業や政府の責任が追及されました。

環境と命を守るための法規制が整備されてきたのも、市民の息の長い地道な活動がじわじわと影響をおよぼしてきた成果です。

また、原発の問題は環境問題に限らず、差別と人権、経済、報道の自由、エネルギー問題がひき起こす戦争など、まさにこの本が100の問題を掲げるように、種々の社会問題と関連しています。あなたが日々大切にしている何かとも、つながっているかもしれません。

第7章　自由と民主主義

81 私たちの生存権を脅かす原発

ドイツから PAR AVION

　原発は私たちの生存権と健康に暮らす権利を脅かす。ドイツ連邦憲法裁判所は1991年に、有名な「カルカー判決」において、入札から完成まで20年以上を費やした原発の稼働を禁止する決定を下した。この判決は、「市民権の積極的保護」をうたっている点が、注目に値する。

　この判決にしたがえば、第一に、原発は最新の科学技術の水準に適合していなくてはならない。だが、実際に原子炉は世界各地で30年、40年も前につくられたものが平然と使用されている。第二に、原子炉は想定しうるかぎりのあらゆるリスクや災難から保護されていなければならない。

　現在、どの原発もこれら2点の要件を満たしていない。それにもかかわらず、監督すべき官庁や関連機関は、今まで原発の稼働認可を取り消したことがない。

日本では………？

　「カルカー判決」とは、ドイツのカルカーに建設された高速増殖炉が一度も稼働されることなく、稼働の認可が下りなかった判決のことです。

　すでに建てられてしまった建物はどうなったのでしょうか？

　そう思ってインターネットで調べてみたら、驚くような写真や動画が出てきました。子どもたちの未来を脅かす原発が、巨大な冷却塔をはじめとした建物をそのまま生かし、たくさんの乗り物のあるテーマパークとなり、子どもたちの嬌声であふれていました。ちょっとシュールな光景でしたけれども……。

　無邪気な子どもたちの映像を見て思い浮かべるのは、福島の子どもたちのことです。

　日本国憲法の第25条1項には、「すべての国民は、健康で文化的な最低限度の生活を営む権利を有する」とあります。ところが、福島の原発事故では多くの人

の生活が奪われました。放射能の被害を長期にわたって受け続ける子どもたちの権利は、踏みにじられています。

また、一見、これまでと同じような生活をしているような人でも、内心では食品の安全性を心配したり、子どもの将来に不安を感じたり、家族間でも、放射能に対する価値判断のちがいによって人間関係を引き裂かれてしまう理不尽を味わったりしている人も大勢います。これでは「健康で文化的な生活」とはいえません。

想定しうるリスクをすべて考慮したら、原発を稼働することはできないでしょう。その証拠に、2012年2月13日、北海道民に泊原発の廃炉を求められた裁判で、北海道電力は、「原発に絶対的な安全性を求めるのは不可能」という答弁書を提出しました。電力事業者自らが、絶対的な安全はないと認めているのです。

第7章　自由と民主主義

82 脱原発運動を封じこめる政府

ドイツから PAR AVION

> 政府は原子力政策に対する自分たちの矛盾を突かれて、うまく反論できないとき、ただちに暴力を駆使する——警察はこれまでに、数万人の市民を警棒や拳で殴り、足でけりつけ、絞め技で締め上げ、トウガラシスプレーや催涙弾で呼吸困難にするなどして負傷させてきた。
> その結果、これまでに2名が死亡している。この2人は何をしたのか？
> 彼らは反原発のデモを行なっただけだ。

日本では……？

　ドイツでの激しい弾圧に息をのむ思いと、2名の方が亡くなったという事実を重く受けとめます。そのようにしてまで市民が反対を貫いてきた延長線上に、福島第一原発事故直後のドイツ国内での25万人集会とデモがあり、そして脱原発へと国を動かすことができたわけですね。

　抗議行動で私たち市民が使う手段は、プラカードや自分の声などです。それに対して警官は、大音響のスピーカーと、時には手甲やすね当て、ヘルメットや盾まで持ったフル装備で市民を待ちかまえます。

　福島原発事故の直後、警察の放水車が原発に注水を試みましたが、消防隊でもないのに、なぜあんなに強力な放水車をもっているのでしょうか。じつは、抗議行動する市民に向けて、催涙液入りの水を勢いよく放水するためなのです。さすがに最近では使われることはありませんが、過去には使われてきました。

　日本では最近、トラックに音楽機材を積んで演奏しながら、歌を歌いながらの「サウンドデモ」が元気よく行なわれています。このスタイルは大変な人気で、1万人を超える規模で人が集まります。ところが、平和的に歌や踊りでアピールしているのに、警察は最初から逮捕が目的であるかのように、事前に「警告」と書いた大きなボードを用意し、一方的に警告を発します。そして、2〜3回の警

告を発した後に逮捕を強行することもあります。

　むろん逮捕する理由（法律違反）がなく無実なので、多くの場合はすぐに釈放されますが、なかには道路交通法違反であるとか公務執行妨害であるなどと理由をつけられて、ひと月近くも拘留される場合もあります。

　そんな状況がある一方で、ツイッターで呼びかけて個々人が集まる「ツイッターデモ」など、各地でいろいろなスタイルのデモが生まれています。3.11以降、脱原発運動の新しいスタイルを若者たちがつくり上げたのです。

　また、子ども連れの家族や車いすでも参加しやすいデモもたくさんあり、なかには保育つきのデモや、子どもがマイクで呼びかけるデモも出現しています。ゆっくりとしたスピードで歩くお年寄りのグループもあります。楽しげなデモに沿道からの飛び入り参加も多く見受けられ、警官に対しても、同じ人間として子どもたちの未来をいっしょに守ろうという呼びかけも聞こえてきます。

　2012年6月29日に行なわれた大飯原発の再稼働に反対する抗議行動には、首相官邸前に20万人もの人びとが集まりました。小さな子ども、老人、仕事帰りの人など、さまざまな参加者でした。大きな混乱もなく、解散した後にはゴミひとつ落ちていませんでした。

　放射能は、市民も警官も電力会社の社員も区別なく、命と暮らしを脅かします。原発をなくすことは、すべての人が安心して暮らせる社会をつくるということです。今、一人ひとりの市民が自分らしい方法で意思表示をすることが求められています。

第7章　自由と民主主義

83 何十年にもわたって社会を分断する原発

ドイツから　PAR AVION

　ドイツでは、最初に原子炉の建設が始まった1950年代から、原発をめぐる議論が国民を二分するほどの勢いで繰り返されてきた。当初から原発は命を脅かすものだとわかっていたからだ。だがそれ以降、何も変わっていない。なぜならこの議論を終わらせるには、時間をかけて徐々に脱原発するしかないからだ。

　大手電力会社は、2000年6月15日、いわゆる「脱原発合意」を政府と結び、段階的な脱原発に同意し、正式に署名した。その見返りとして各社には多額の譲歩料が支払われた。しかし、現在、エーエヌベーヴェー（EnBW）、エーオン（E.ON）、エルヴェーエー（RWE）、それにヴァッテンファル（Vattenfall）の4大電力会社は、あらゆる手段を講じて、契約期間よりも長く原発を稼働させようとあがいている。

　それは「脱原発合意」を白紙に戻し、事実上破ろうとしていることになる。

日本では……………？

　さまざまな紆余曲折を経て、今やっと、ドイツは脱原発に向かっています。途上にある日本では、原発をめぐっていまだ国論が二分し、人びとを分断させています。

　なかでも、とりわけ顕著なのが、原発の候補地や立地自治体です。原発は、誘致から放射性廃棄物の処分場まで、あらゆる過程で、家族を、友人を、地域住民を二分します。

　原発関連の立地自治体では、リスクが隠されたまま大量の資金が国と電力会社から投入され、住民は客観的に判断する情報がないうちから賛成派と反対派に分断されてしまいます。電力会社は町の有力者を抱きこみ、町内会の組織を使い、住民の切り崩しを図るのです。地域の共同体が崩壊していきます。

たとえ原発が建たなかったとしても、地域には禍根が残るでしょう。また、原発が建ってしまえばしまったで、雇用される人とそうでない人との間などで対立が生まれます。

　そして、事故が起きた今、放射能の影響のもとで、その土地から逃れる人ととどまる人でも対立が生じています。避難した人に対して残った人びとは「神経質になって逃げたんだ」と避難者を責め、逆に土地にとどまる人に対しては「危険性を直視していない」「子どものことを考えていない」などと、反目が生まれることもあります。

　同じ家のなかでさえ、判断を迫られたあげく、家族が分断されることすら珍しくありません。

　また、同じ避難であっても強制的な避難と自主避難との間では、賠償などをめぐって、微妙な感情を生じさせます。

　被災地以外でも、子どもの給食などの放射能汚染を心配する親が食材の安全性を問題にすると、「モンスターペアレンツ」などと揶揄されることもあります。ここでも家族内の放射能や内部被ばくに対する許容の度合いによる対立が生まれることがあります。

　福島から避難してきた子どもが、いじめにあっているという報道もあり、子どもたちの世界にも、無用な分断が広がっていることがわかります。

　また、放射能に汚染されたがれきを受け入れるかどうかなどでも、意見のちがいが生じて、地域内での対立が起こっているのです。

　もちろん、日本がこれから原発をどうするかという点でも、大きな対立があります。

第7章　自由と民主主義

84 原子力ムラはどこの国にも存在する

ドイツから PAR AVION

　産業と政治がこれほど密接にかかわり合う分野は、エネルギー産業以外にそうそうないだろう。
　多くの高級官僚や政府機関関係者は、こうした大手企業の思惑に沿うように政治を計らい、退職後、その企業へ天下ったり、企業にとって有利な契約を結んで高額の報酬を得る。また、現職の国会議員たちも、電力会社やその子会社からの収入を平気で懐に入れる。
　こんなことでは、公正な規制をしたり、勧告を出したりできるはずがない。電力会社によるこうした利益誘導が、民主主義の障害となっている。

日本では……？

　日本でも原子力発電の技術開発は、政・官・産・学が密接に連携して進められてきました。原子力の利用を肯定する特定の人びとは「原子力ムラ」と呼ばれ、福島原発事故以後、その存在がクローズアップされるようになりました。政・官・産・学を横断する彼らは、自らの利益のために、原発を擁護し、異論を排除してきました。

　経済界と原子力ムラとのつながりを例とするなら、まず経団連（一般社団法人日本経済団体連合会）が思いあたります。日本の主要な大手企業が軒並み加入している経済界に大きな影響力をもつ団体ですが、7代目の会長には東京電力出身の平岩外四氏が就いていました。4代目の会長も原子炉やプラントなどで原発とかかわりの深い東芝から会長が出ています。また、福島第一原発事故当時に東京電力の社長だった清水正孝氏は、経団連の副会長を務めていました（事故後の5月に退任）。

　経団連の現会長の米倉弘昌氏（住友化学会長）は、「原発が止まっていると、電力不足で工場が操業できないので、海外に移転するところが増えてしまう」と

いう趣旨の発言をして、速やかに原発を再稼働するよう政界や官僚に圧力をかけました。

　また、政界にも原子力産業と結びついている国会議員は多くいます。自民党には、元東京電力副社長だった議員や、原発関連企業から議員になった者などがいます。民主党には電力労組出身議員がいて、電力会社の労組が加盟する電力総連は強力な票田です。

　さらに経済産業省、警察庁、文部科学省などの官僚たちは、退職後の天下り先として、原発関連企業や電力会社、原子力関係の法人を渡り歩きます。そのたびに庶民感覚では想像できないほどの高収入や退職金をもらうわけですから、こんなにおいしい天下り先を、簡単に手放すわけがありませんし、そこを守ろうとするのは当然のことでしょう。

　また、学者や専門家にも原子力ムラと強いつながりをもつ人たちがいます。彼らは、国や企業から研究費をもらい、さまざまな形で便宜が図られるなか、国や企業にとって都合のよい学説を組み立てます。事実、福島第一原発事故の直後には、彼らはマスコミを通じて「安全だ」とか「チェルノブイリのようにはならない」といっていましたが、その後、事故の規模はレベル7とされ、後にはメルトダウンしていたこともわかりました。

　こうしたことを無批判に報道するメディアも、これまで莫大な広告費を原発関連企業から受け取ってきました。

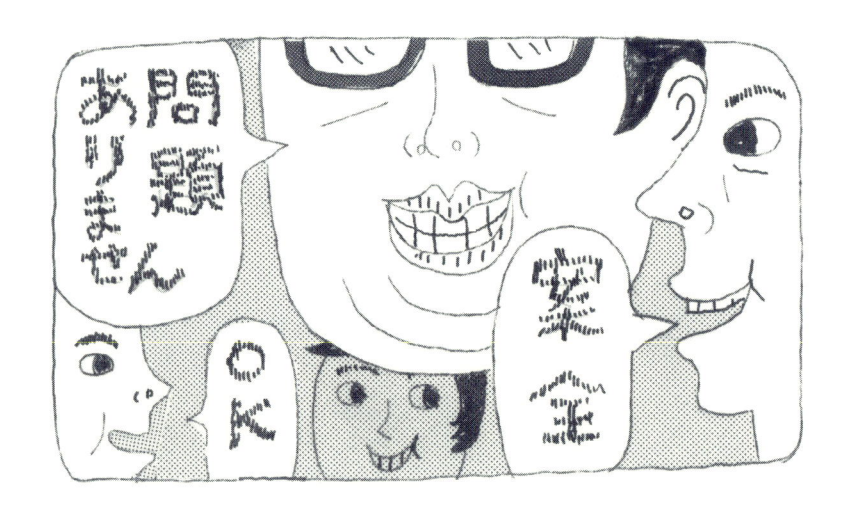

85 原発がなければ電気が止まるというつくり話

第7章　自由と民主主義

ドイツから PAR AVION

「太陽光や水力、風力などの再生可能エネルギーでは、ドイツで必要な電力の4パーセントしかまかなえない」という広告を、1993年の半ば、電力業界は全国紙の新聞に掲載した。これは本当だろうか？

2009年にドイツで消費された電力の16パーセント以上が、再生可能エネルギーで生産されている。そして2020年には、その割合は50パーセントを超えるだろう。さらに2050年までには、電力供給の100パーセントを再生可能エネルギーでまかなうことも可能になる。

だが、電力業界は原発の稼働期間をできるだけ延長するために画策し、「原発がないと何日も停電が続くだろう」というつくり話を吹聴し続けてきたのだ。今となっては、それを信じる人はいないだろう。

日本では……？

ドイツでは2011年12月の時点で、再生可能エネルギーの割合は約20パーセント、原発は前年の22.4パーセントから17.7パーセントに低下したそうです。それに比べて日本の再生可能エネルギーは、まだ9.7パーセント[*1]です。

そして、日本は「原発がないと電気が足りない」というキャンペーンが、福島の事故直後でさえ大々的に行なわれました。もしかしたら、事故があったからこそ、宣伝しなければならなかったのかもしれません。福島の事故で、原発離れが起こることを懸念したのでしょう。

しかも、政府と東京電力は「計画停電」なるものをもち出し、輪番制で地域ごとに停電しましたが、交通機関や医療機関などで混乱をきたし、しばらくしてやめました。

じつは、東京電力の多くの原発が止まったのは、初めてのことではありません。

[*1]　資源エネルギー庁調べの2010年実績。太陽光発電0.2パーセント、風力発電0.4パーセント、地熱発電0.3パーセント、水力8.5パーセント（主に大型水力発電）、バイオマス+ごみ発電0.3パーセント。合計9.7パーセント

2003年4月15日から5月9日まで、東京電力の原発17基がすべて止まりました。これは前年の2002年、東京電力のデータ改ざんが明るみに出たことが原因でしたが、その時は計画停電になりませんでした。
　それでもまた、「2012年の夏は電力需要に比べ、9.2パーセントも電力が不足する」という政府の試算が発表されました。ところが後から、最大で6パーセントもの余裕があるという試算もあったのに、公表しなかったことがわかりました。
　再生可能エネルギーによる供給をほぼゼロとしたうえ、猛暑だった2010年の需要を前提に試算して9.2パーセント足りないという数字を導き出したのです。
　しかも、「埋蔵電力」といって、かなりの民間企業には自家発電*2の設備があるのですが、これらは今まで、一部しか供給可能量（供給力）にカウントされていません。
　また、原発が定期点検や事故などで停止したときに安定供給を維持するため、火力発電所や水力発電所などがバックアップ用に待機しています。いずれ再生可能エネルギーに移行していくとしても、当面の間、全原発を停止しても待機している発電所を動かせば、心配はいらないのです。火力発電所が出す二酸化炭素については論争がありますが、原発の出す放射能や事故のリスクとは別のもので、そもそも、この両者を比較すること自体が間違っていますし、原発で二酸化炭素が減っているわけでもありません（**68**参照）。

＊2　企業の自家発電設備は、自社で出される蒸気や温水などを利用したものもあり、こうした設備をもつ51社1団体加盟の「大口自家発電施設者懇話会」は自家発電を奨励。同会の総出力は、2009〜2010年で東北電力に匹敵する1800万キロワット

第7章　自由と民主主義

86 原発の賛否　誘導される世論調査

ドイツから

　ドイツ原子力フォーラムが実施したアンケート調査の結果は、信じがたいものだ。「原発はすぐにまた、社会に受け入れられる」というのだから。誰がそんなことを信じられるだろう。この調査結果よりも、2008年中ごろにエムニッド・マーケットリサーチ社が発表した世論調査のほうが、ずっと信頼に足る。
　「たとえ自分の家の電気代が一生無料になったとしても、自分が住んでいる地域に原発を建ててほしくない」——3分の2以上の人が、そう回答した。

日本では⋯⋯⋯⋯？

　アンケート調査は、質問の仕方によって大きく回答が変わります。質問する側にとって、望ましい答えを誘導することが可能なのです。
　福島第一原発事故の直後、2011年4月ごろの新聞各紙やテレビなどの調査では、「原発を即時停止」「段階的に停止」の人が40パーセント台にとどまりました。あのような不安と恐怖のなかで、です。
　それというのも、そのころは政府や東京電力が情報を隠しており、原発がどのような状態なのか、今以上にわからなかったからです。しかも、アンケートの設問は「原発が停止すると電力が不足します。あなたは原発の維持についてどう思いますか？」というようなものがほとんどでした。
　そのころは、電力会社がいうよりも、実際は原発のコストが高くつくこと、原発が停止しても電気は不足しないことなどが、人びとに十分に周知されていませんでした。そのようななかで電気が不足するといわれれば、「原発はいやだけど、便利な暮らしのためには、しょうがない」と思った人は多かったはずです。
　「原発がなくても電力は足りますが、それでも原発は必要ですか？」「あなたの町に原発が建つとします。原発の維持についてどう思いますか？」などと聞いたら、結果はまったくちがったものになっていたことでしょう。

87 原発を使うことは倫理に反している

ドイツから PAR AVION

> 原子力発電は、非常に多くの人びとを、非常に長い期間、危険にさらすことになる。現在とか、現代とかの時限ではなく、はるか遠い未来の人びとまでも危険にさらすのだ。というのも原発から出る放射性廃棄物は、何万年、何十万年も、つまり何万世代にもわたって厳重に管理されなければならないからだ。気の遠くなるほど重たい負の遺産だ。
> それにひきかえ、原発でつくられる電力の恩恵にあずかれる人びとはごくわずかで、享受できる期間もごく短期的でしかない。

日本では…………？

　福島の事故後、ドイツでは原発の是非を問う公開討論を実施し、その様子が日本でも紹介されました。討論の透明性が高いということに驚きました。なぜなら日本では、密室で結論を急ぐ傾向が強く、市民を無視した議論が横行しているからです。

　また、そこでは「原発は倫理に反する」ということも語られていました。日本では安全性の議論が中心で、倫理を問うことは、これからです。

　原発は事故がなくても、放射性廃棄物を数十万年単位にわたって保管しなければならず、未来の世代に大きな負担と責任を押しつけます。ウラン鉱山で採掘する人や原発内で働く人たちを被ばくさせ、遺伝子にも影響をおよぼします。莫大な犠牲と未来への負債を抱えて稼働するのが原発で、そうしたものなしには成立しない、つまり倫理に反した技術なのです。

　倫理とは平たくいえば、「人として守り行なうべき道」のこと。原発に関しては、技術的、経済的、法律的なことが、まず問われますが、何よりも大切にされなければならないのは命の問題です。

第8章
戦争と平和

原発で使用される核燃料は、いうまでもなく核兵器にも利用できるものです。
そこから生じる危険性や問題は、ないのでしょうか。核燃料の取り扱いをめぐっては、非常に複雑な事情もからんできます。国際情勢にも関連するような、大きな課題も見えてきました。

88 平和利用と軍事利用 区別できない原子力

ドイツから PAR AVION

　原子力の平和利用と軍事利用を、明確に分けることはできない。
　発電用原子炉の核燃料を生産するウラン濃縮工場は、核兵器になる高濃縮ウランの製造工場にもなる。原子炉では大量のプルトニウムを増殖させることもできる。放射能が漏れないよう遮蔽された特殊な作業室「ホットセル」で、原爆を製造することもできる。再処理工場では、原発から出る放射性廃棄物から、原爆の原料になるプルトニウムを抽出している。核の平和利用という名目で、多くの国が核兵器開発を推進し、成功した国もある。原発の数が多ければ多いほど、軍事転用されたり、テロリストに悪用される危険性が高まる。

日本では……？

　世界の原子力研究のスタートは、軍事利用です。発電のための原子炉も、核燃料の生産と再処理も、核兵器製造技術を基礎としたもので、平和利用も軍事利用も技術に境界はありません。たとえば、イギリスのコールダーホール原発*は世界初の商業原発ですが、その主な目的は、核兵器用プルトニウムの生産でした。
　広島と長崎で原爆を経験した日本は、サンフランシスコ講和条約発効後、「原子力研究は兵器製造に連なる危険性があるから時期尚早」（日本学術会議内に設置された検討委員会の大勢の意見）と指摘されていたにもかかわらず、1954年、突如国会で原子力予算（研究費補助金と資源調査費）が提出されて、参議院で審議未了のまま自然成立となりました。以来政府は、原子力の平和利用のみを強調してきました。しかし実際は、どうでしょうか。
　2011年9月7日の読売新聞の社説に、「日本は原子力の平和利用を通じて核拡散防止条約（NPT）体制の強化に努め、核兵器の材料になり得るプルトニウムの利用が認められている。こうした現状が、外交的には潜在的な核抑止力として機能していることも事実だ」とありました。つまり日本は、原子力の平和利用という名目で、いつでも原爆をつくれるだけの材料と技術をもつようになったのです。

*　1956年10月に運転開始。現在は運転終了し、廃炉の作業を行なっている

89 技術、経済性、安全性……破綻している高速増殖炉

ドイツから

「高速増殖炉」は核拡散の脅威をも増殖する。このタイプの原子炉は、従来の原発に比べて相当危険で、事故のリスクもより高い。また、ウラン燃料ではなく、ウランを燃やしてできるプルトニウムを使用している。

したがって、高速増殖炉が大規模に稼働されるようになると、大量のプルトニウムが市場に出回り、資産として取引されるようになるだろう。そうなれば核爆弾をつくるためにプルトニウムを数キロほど盗んだり隠したりすることも、いたって簡単に行なえるようになる。

日本では……？

　原子炉内で燃えない（核分裂しにくい）ウラン238からプルトニウム239が生成されることを利用して、発電しながら核燃料をつくろうと考えられたのが高速増殖炉だそうです。プルトニウムを再生産する（燃料として使った量より増える）夢の原子炉といわれます。

　日本でも国家プロジェクトとして計画されてきた、「核燃料サイクル」というシステムのなかで、使用済み核燃料を再処理してプルトニウムを回収し再利用するものとして、実用化に向け開発が進められてきました。福井県の敦賀半島の「もんじゅ」がこの高速増殖炉です。

　この高速増殖炉開発は、世界を見渡してみれば、50年以上前から進められてきましたが（日本は1960年代後半に着手）、実際に実用化に成功した国は１つもありません。そして、日本より前に開発を始めた各国は、続々と撤退しています。

　高速増殖炉では高速中性子を使いますが、同時に多量の核燃料を必要とします。とりわけ高速増殖炉が恐ろしいのは、制御が非常に難しい点で、空気とふれると燃え出す金属ナトリウムを冷却材として用いているので、常にナトリウム漏れに

核燃料サイクルは恐怖の増殖サイクルだ

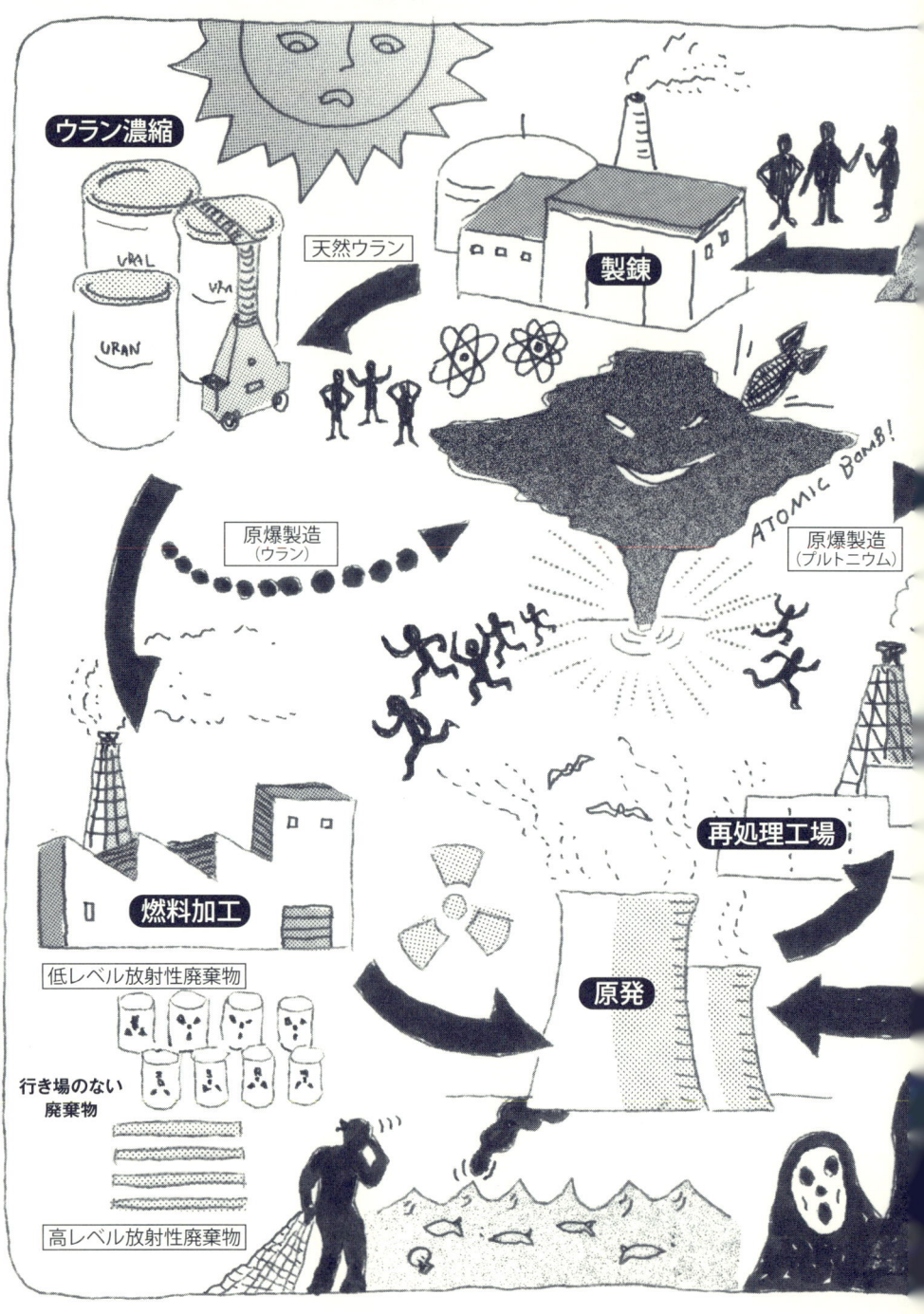

第8章　戦争と平和

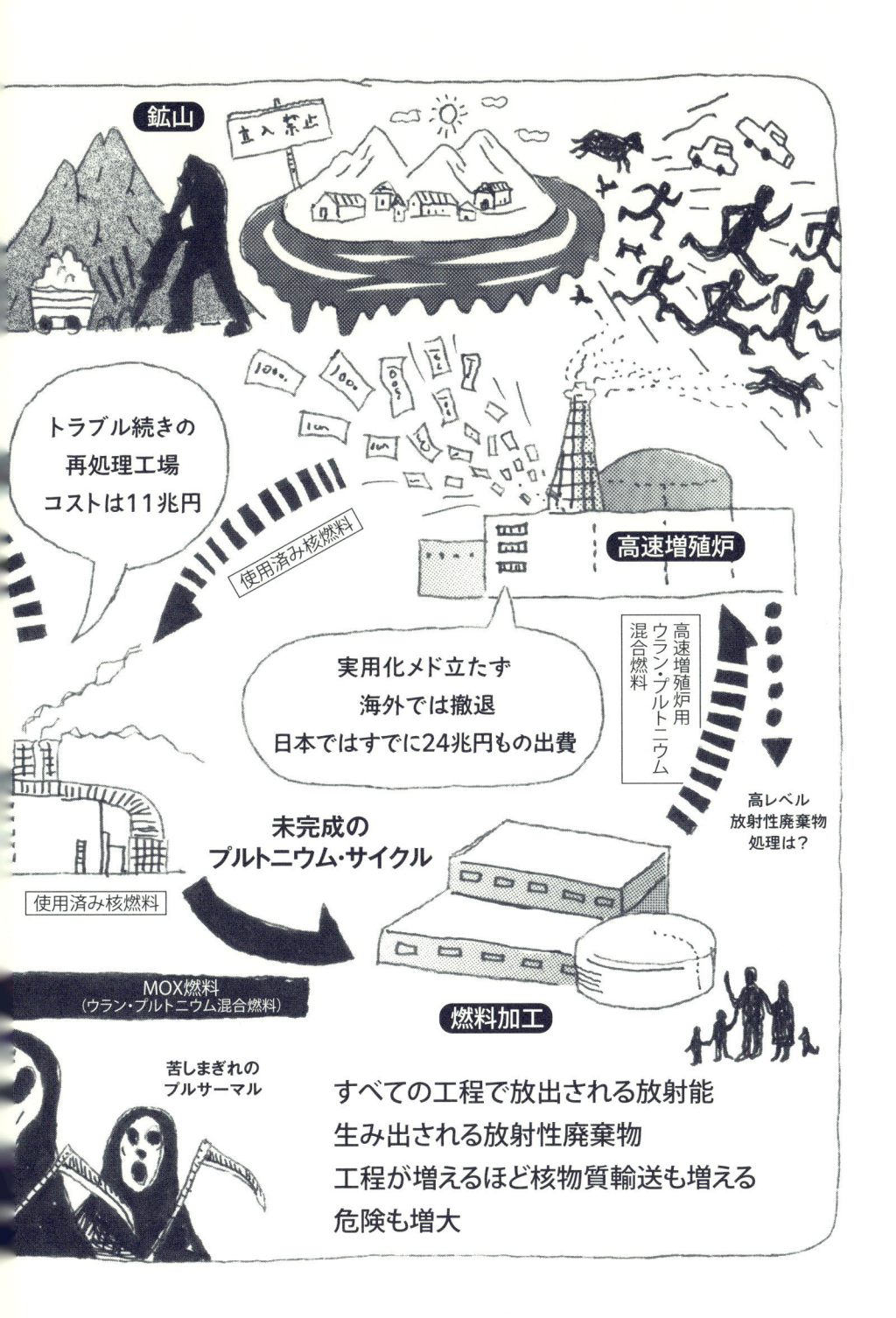

鉱山
立入禁止

トラブル続きの
再処理工場
コストは11兆円

使用済み核燃料

実用化メド立たず
海外では撤退
日本ではすでに24兆円もの出費

高速増殖炉

高速増殖炉用
ウラン・プルトニウム
混合燃料

高レベル
放射性廃棄物
処理は？

未完成の
プルトニウム・サイクル

使用済み核燃料

MOX燃料
（ウラン・プルトニウム混合燃料）

燃料加工

苦しまぎれの
プルサーマル

すべての工程で放出される放射能
生み出される放射性廃棄物
工程が増えるほど核物質輸送も増える
危険も増大

よる火災の危険がつきまといます。

　また、炉の特性として、炉心の出力が上がると暴走する危険性が高まることなど、構造的な欠陥も指摘されています。

　経済面から見ても発電コストが高く、採算の見通しが立っていません。建設費や運転費が高額なうえ、高速増殖炉の実用化に不可欠な技術のうち、核燃料再処理、廃炉の解体、高レベルの放射性廃棄物の処理などが未確立なため、実用化に向けて無制限なコスト高が見こまれるからです。

　さらに核拡散の問題があります。プルトニウムは核兵器の材料で、とくに高速増殖炉で増やされるプルトニウムは核兵器に使われるものより純度が高く、威力のある原爆になります。

　こうした安全性、経済性、そして核拡散上の問題から、先に開発を始めたアメリカ、イギリス、フランス、ドイツは、1980年代に高速増殖炉開発から撤退しました。いまだに積極的に開発を進めているのは、日本とインドくらいです。

　一方、原子力の平和利用を推進し、軍事転用を防止するIAEA（国際原子力機関）に加盟する日本では、国内のプルトニウムとウランの量を管理し、IAEAに報告しています。

　ところが、高速増殖炉や再処理工場では何トンもの核燃料を扱うため、その一部がなくなっても気づかれにくいといわれます。

　アメリカでは、1982年に、原子力施設で貯蔵されているはずのプルトニウムとウランの量が、書類上より実際は90キロも少なかったという事件も起こりました（神奈川県高教組原子力読本編集委員会『原子力読本　高校生の平和学習のために』）。プラントの中にたまっているのではという仮説も立てられましたが、立証はされていません。

　原子炉施設内や輸送中にプルトニウムを奪うことは、どんなに厳重な管理体制をとっていても、可能性をゼロにすることは不可能でしょう。商業用のプルトニウムが日本国内や海外で軍事に転用されたり、テロに使われたりする可能性は否定できません。純度の高いプルトニウムが5キロあれば、核爆弾ができるのですから。

90 テロにつながる内部脅威 万全な管理は可能？

ドイツから

核施設から出た放射性物質は、どんなにわずかな分量でも爆薬と混ぜ合わせれば、いわゆる「汚い爆弾」に仕立てることができる。わざわざ核兵器をつくらなくても、死の灰を混ぜて爆発させれば、放射性物質を霧のように拡散させる兵器になるのだ。汚染された地域は、恐ろしい脅威にさらされ続けるだろう。

日本では………？

　放射性物質の管理や原発の安全性ということでは、いわゆる内部脅威に対するセキュリティも大きな課題です。

　それというのも、原発は核を扱う施設でありながら、その現場の第一線を担うのは下請け企業に集められた非正規労働者だからです。原発で働く労働者の累積被ばく量がきちんと管理できないという問題がありますが、その裏返しとして、彼らがどのような背景をもつ者なのか把握できていないという実態があるわけです。原発労働者をよそおって施設内に入りこむことは不可能ではないのです。

　対策の1つとしては、原発に出入りする人の身元調査を、より厳重にすることでしょう。借金がないか、アルコールや薬物の依存症ではないか、性格や信条などによる適性……、などというようなことを調べる必要があるでしょう。そのうえで、就労環境を徹底して管理しなければなりません。しかし、管理ばかりを徹底した労働環境とは、いかがなものでしょう。

　また、こうしたテロ対策という名目で、原発に関する情報が隠ぺいされてしまうことも、軽視できない大きな問題です。これまでの原子力産業の閉鎖性、隠ぺい体質が、数々の事故隠しやデータ改ざんを許し、福島の大事故につながりました。原子力にかかわる情報は、公開されなければなりませんが、それがテロを生むというなら、そのことこそ、原発が抱える矛盾をよく表わしています。

91 攻撃の標的にもなりうる原発

ドイツから PAR AVION

> 原発は格好の攻撃対象だ。何百万もの人びとを殺したり傷つけたり、地域を丸ごと住めなくするために、わざわざ原爆を投下する必要はない。その代わりに、原発を1基攻撃すれば十分なのだから。
>
> ドイツ政府の委託により極秘で行なわれたフライトシミュレーション実験では、原発にジャンボ旅客機を命中させることに、2回に1回は成功した。連邦犯罪捜査局によれば、テロリストによる原発への攻撃を「最終的には想定しなければならない」という。

日本では………？

　空からの攻撃に関して、日本の原子力安全・保安院による説明では、「原発上空では飛行制限が厳重に定められているので、飛行機が墜落する可能性はきわめて小さく、無視できるほど」だそうです。ここでは、航空機が操縦不能になる状況や、飛行制限を守らないパイロットのことは「想定」されていません。もちろん、原発設計当時にはなかった、劣化ウラン弾のような貫通力の高い新型兵器による攻撃への備えも考えられてはいません。

　2007年の新潟県中越沖地震で止まった東京電力・柏崎刈羽原発の運転再開にともない、原子力安全・保安院が周辺市町村で住民説明会を重ねていたころのことです。ちょうど北朝鮮のミサイル発射実験が問題になっていた時期で、会場から「ミサイル攻撃に対する対策はどうなっているのか」という質問が出ました。

　答えは、「24時間警備体制を敷いているので心配はいらない。原発事業者が行なう防護措置を国が検査する制度や、機密情報の守秘義務が導入されている。まずは外交努力で対処し、原子力施設で災害が発生した場合は対策本部を設置して、政府をあげて情報収集や分析、拡大防止や応急・復旧対策を講じる。原子力安全・保安院としても対策の充実に努めていきます」というものでした。

　突発的な航空事故や故意の攻撃に対して、万全とはいえず、不安は残ります。

第8章　戦争と平和

92 燃料の製造過程で生まれる劣化ウラン弾

ドイツから　PAR AVION

> ウラン濃縮の過程で生まれる劣化ウランから兵器が製造される。すでにアメリカ軍とイギリス軍は、劣化ウランを主成分とする砲弾を実戦で使用した。
> 劣化ウランの比重は通常の鉄の2.5倍もあるので非常に強力で、主に敵の戦車に攻撃をしかけるときに使われる。劣化ウラン弾が発射されると戦車にあたって放射性物質を含んだ微粒子が拡散し、環境が汚染され、兵士にも民間人にも健康被害をひき起こす。
> アメリカ軍は劣化ウラン弾の貫通力の高さを誇らしげに語るばかりなのだが……。
> こうして原子力産業は、放射性廃棄物を商品として再生産し、処理費用を格安に上げるばかりではなく、利益まで得てしまうというわけだ。

日本では……？

　天然のウランを原発で燃料にする場合、そのままではうまく燃えません。天然ウランに含まれるウラン235を3〜5パーセントまで濃縮することで、初めて原発で燃えやすい燃料になるのです。

　ところが濃縮の過程で、燃料になる濃縮ウラン以上に多量に生じるのが劣化ウランです。劣化というのは、ウラン235の含有率が少なくなっているということですが、ウランであることに変わりはなく、放射性物質です。使い道がないまま、増え続ける厄介者を利用したのが劣化ウラン弾なのです。

　劣化ウラン弾は、コソボ紛争におけるNATO軍による空爆の際に、そして湾岸戦争、その後のアフガニスタンとイラクへの攻撃で、主にアメリカ軍が使用しました。

　桁ちがいの貫通力をもつ劣化ウラン弾なら、戦車内の兵士も殺傷できます。ですが、劣化ウラン弾がさらに恐ろしいのは、使用することによって放射性物質が

周辺にばらまかれ、攻撃後も放射線を発し、周辺の環境を数億年以上も汚染し続けることです。しかも、放射性物質は風に乗って、広範囲に汚染を広げます。また、ウランは金属としての毒性もあります。

　イラクでは、現在、白血病やがんが多発しています。とりわけアメリカ軍が激しい攻撃を加えたファルージャでは、現在、新生児の15パーセントが先天的な障害を抱えていると報告されています。国際的な機関もこの事態を無視できなくなり、現在、世界保健機関（WHO）が２年がかりでイラク全土において、障害児の出生調査を行なっています。

　また、劣化ウラン弾は攻撃する側をも被ばくさせます。アメリカ軍の帰還兵にも白血病やがんが多発し、さらに彼らのもとに生まれた新生児にも先天性の異常が見られます。イギリス軍の帰還兵も、健康を害したのは劣化ウラン弾のせいだと国を訴え、イギリス政府も調査せざるをえなくなりました。

　劣化ウラン弾は、地雷などと同様に人道に反する大量破壊兵器として、使用禁止にすべきだという動きもあります。

第8章　戦争と平和

93 限りある資源 ウランをめぐる紛争

ドイツから PAR AVION

> 原子力産業がウラン資源の採掘を拡大することで、新たな紛争が起きようとしている。たとえばアフリカ諸国のウラン埋蔵量が、何十年にもわたりさまざまな紛争をひき起こしてきた。
> 原発の数が増えれば増えるほど、ウランへの依存も高まる。石油と同様にウランも投機の対象となって久しいが、埋蔵量が少なくなっていけばいくほど、石油紛争と同じように、ウランをめぐる紛争が現実的なものになっていくだろう。

日本では………？

　活用することのできる世界のウラン資源量は、2007年で約547トンと推定されています。埋蔵量はオーストラリア（23パーセント）、カザフスタン（15パーセント）、ロシア（10パーセント）、南アフリカ（8パーセント）、カナダ（8パーセント）、アメリカ（6パーセント）、ブラジル（5パーセント）、ナミビア（5パーセント）、ニジェール（5パーセント）……などとなっています。

　埋蔵量トップのオーストラリアは、比較的政情が落ちついていますが、先住民アボリジニの土地を採掘会社が収奪しているのが現状です（❷参照）。カザフスタン、ニジェール、ナミビアなどは内戦を経てきた国で、紛争の火種が消えたわけではありません。

　たとえば、ウラン鉱脈の豊かなナミビアは、長年にわたり南アフリカ共和国（以下、南ア）に占領されていましたが、それを不当と認めた国連は、1966年に直轄下におきました。南アによるナミビアの資源争奪も禁じましたが、1990年にナミビアが独立するまで、南アは不法に資源開発を行ないました。両国では今も領土問題を引きずっています。

　一方、ウラン資源を精錬、販売する国際的なウラン業者は、アメリカを筆頭にカナダ、オーストラリア、フランス、南ア、イギリスといった国々が占めていま

す。しかも、原子力産業は軍事技術とは切り離せないことから、ウラン濃縮技術などは各国とも軍事機密として取り扱います。そのためかウランなどの核燃料は、輸出後も、輸入先の国での使途や移動まで輸出国が管理するのが特徴です。

　つまり、日本が原発にかかわる技術やウランなどの提供を受ける際は、アメリカ、イギリス、カナダ、フランス、オーストラリアの各国と結んだ、原子力協定の管理下におかれるということです。

　一方、日本は「日米原子力協定」にもとづいて、アメリカから導入された軽水炉と濃縮ウランに依存しています。原子力には、こうした入り組んだ関係がつきまといます。つまり、日本国内の発電所といっても、大国の意向に沿う形で運営されなければならないのです。

　ウランの輸入は、まったく自主性のない依存状態です。そのためウランをめぐる紛争が起きた場合は、協定を結んだ供給国に振りまわされる懸念があります。

　だからといって、ウランを国産にすればいいかといえば、そう簡単にはいかないのが原子力です。一度使用した核燃料を再利用するという再処理や高速増殖炉は、技術面でも経済面でも破綻していますし、もし可能であったとしてもウランの保有は、国家間のデリケートな問題をさらに複雑にさせるばかりです。

　8で紹介したように、ウラン資源はあまり大きなものではありません。現在の埋蔵量を考えると、熱量ベースで石油よりもずっと少ないのですが、使用量も少ないので、すぐには枯渇しないというだけです。

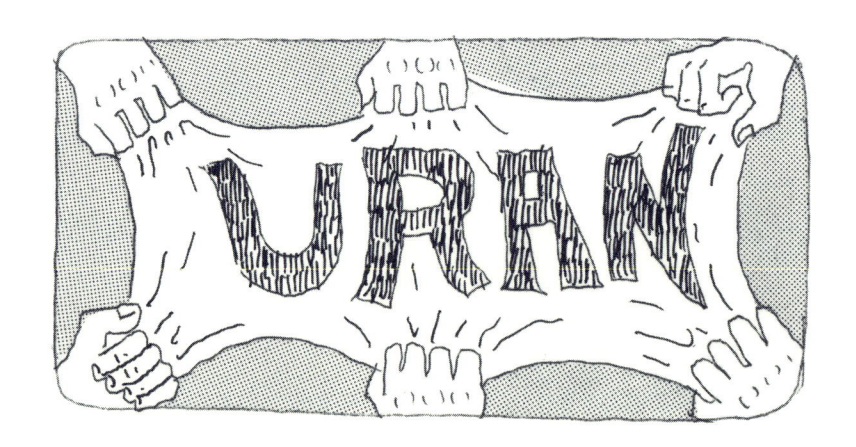

第9章
エネルギー革命と未来

ここまでは原発についての、いわばネガティブな話ばかり。暗い気持ちになりましたか？ でも、終章であるこの章は、未来についての項目、私たちにとって、選択可能な内容です。今後どのような未来をつくっていくのか、その判断材料にしてほしい。そんな内容で締めくくります。

94 再生可能エネルギーによる電力100パーセント供給は達成可能

ドイツから PAR AVION

現在、世界の再生可能エネルギー（自然エネルギー）が生み出す電力の供給量は、すでに消費量の6分の1を超えている。

近いうちに石油、ガス、石炭、ウランが足りなくなることは目に見えており、またそれらをエネルギーとして利用することは地球温暖化を進行させる。

一方、太陽光、風力、水力、バイオマス、地熱発電は、地球が持続するかぎり可能な発電方法だ。

多くの研究成果（なかには政府によるものもある）が、再生可能エネルギーへの移行は100パーセント可能だといっている。それは、私たち人類が生存するために残された唯一のチャンスでもある。

日本では‥‥‥‥？

再生可能エネルギーによる100パーセントの電力供給が、「生存するために残された唯一のチャンスでもある」という言葉に、シェーナウの皆さんの、「環境にやさしいエネルギーを世界に広めるのだ」という強い意志を感じます。

2010年は、世界の発電容量[*1]で、再生可能エネルギーが原発を初めて逆転した年でした[*2]。

ドイツでは、年間の発電量でも、2011年に再生可能エネルギーが約20パーセントと、原発の約18パーセントを上回るようになりました。

ところが、日本はまだ1割ほどで低迷し、しかも、再生可能エネルギーの内訳としては、大規模水力の発電量が多くを占めています。

その一因として考えられるのが、再生可能エネルギーの買い取りについて定めた「電気事業者による新エネルギー等の利用に関する特別措置法」（RPS法、

[*1] 発電可能な設備容量を指す。発電量とは別
[*2] 米国シンクタンク「ワールドウオッチ研究所」のまとめによる

2003年施行）です。その内容は、これまでの大手電力会社が、新規電力企業や個人が太陽光や風力発電などの再生可能エネルギーによって生み出した電力の買い取りを促進するためのものでした。

　ところが、買い取り枠が決められていて、それが推進の障壁になってしまいました。せっかく風力発電に挑戦した民間企業も売電ができずに撤退したところもあります。再生可能エネルギーの拡大につながるはずの法律が、うまく機能していませんでした。

　そんな反省も踏まえて、「再生可能エネルギーの固定価格買取制度」が決まりました。2012年7月から施行され、1キロワットアワーあたりで、太陽光発電は42円、風力発電（20キロワット以上）なら23.1円など、それぞれの発電方法によって、固定価格で電力会社が10〜20年間買い取ります。その原資は電力使用者の電気代への上乗せです。再生可能エネルギーの普及次第で、上乗せ分がどれほどになるのかなど、課題も残ります。

　海外では日本の福島第一原発の事故を受けて、原発の新設がこれまで以上に難しくなったり、廃炉にする動きも加速しています。再生可能エネルギーがますます増えていくことが予想されるのです。日本もそんな世界的潮流を無視することはできないでしょう。

　それでも、「再生可能エネルギーなんて不安定だ」と心配する人はまだまだいます。でも「不安定」というのは、まだ普及していないために、供給のムラが目立っているだけのことです。

　再生可能エネルギーは、普及が進めば進むほど、太陽光、風力、水力など、それぞれが補い合って供給が安定します。さまざまな方法の再生可能エネルギーを普及させ、発電の総量が増えていけば、不安定さはならされて、全体として均一化していきます。発電総量が増えれば、コストが高いことも解決できます。

　また、これまで発電と送電を一括してきた大手電力会社を発送電分離にするなどして、地域間で電力を融通し合うシステムの導入を加速させれば、日本でも再生可能エネルギーの利用は飛躍的に増えていくでしょう。100パーセント再生可能エネルギーによる電力供給は、十分可能なのです。

95 共存できない再生可能エネルギーと原発

ドイツから PAR AVION

　ドイツの大手電力会社エーオン（E.ON）とフランス電力公社は、イギリス政府に対して、「イギリスがこれ以上再生可能エネルギーを推進するなら、新しく原発をつくるときに投資をしない」と脅したことがあった。

　太陽光、風力、水力などの再生可能エネルギーは、気候によって出力が変動しやすいので、これらを補完するためには、こまめに出力調整ができる発電システムが必要だ。ところが巨費を投じてつくる原発は、フル稼働で電力を生産し、また、くまなく売ることによって初めて採算が合う。つまり原発は、再生可能エネルギーを補完することができないし、両者は共存できない。

　再生可能エネルギーを拡大しようと思ったら、必然的に原発を減らすことになるし、その逆もまた同様だ。だから、エーオンもフランス電力公社も先のような脅しをかけたというわけだ。

日本では…………？

　EU内で電力に関して、ドイツやフランスがイギリスに圧力をかけるのと同じように、アメリカから日本に圧力がかかっています。
「米戦略国際問題研究所*」のジョン・ハムレ所長（元国防副長官）が、「日本が原発を放棄することは世界をより危険にする。核拡散防止条約（NPT）体制で（中印など）責任感の弱い国に主導権を奪われるからだ。日本は安全な原発建設で世界をリードしなければならない」と述べています（日本経済新聞　2011年11月9日）。

　核拡散防止条約のもとで核兵器開発をするためには、プルトニウムを得ることのできる原発は不可欠です。日本が脱原発を行なって、中国やインドの原発の技術（＝核兵器開発）がアジアで突出することになると、日本の外交力は弱まり、ひいてはアメリカの弱体につながるからです。

＊　アメリカの保守系シンクタンク

ですから、ハムレ所長の発言は、日本の原発に潜在的核兵器保有能力が含まれているということを証明しているわけです。

　また、別の要因もあるようです。1987年の「原子力白書」(原子力委員会)によれば、日本の原発事業者がアメリカ以外からの濃縮ウランを混ぜて燃やす場合は、30パーセントを上限にする契約を結んでいます。つまり、7割はアメリカ産のものを使わなければならないのです。アメリカではスリーマイル島の原発事故前後から新規の原発はつくられていませんから、もし、日本が脱原発をしてしまうと顧客の1つを失うことになってしまうのです。

　日本は技術立国として再生可能エネルギーの技術力が高かったにもかかわらず、原発推進派は、「電圧や電流が不安定なので電力の質が悪い」「気候に左右されやすいから、発電量が不安定」「コストが高い」などと喧伝し、常に再生可能エネルギーは冷遇されてきました。

　ですが、これらの課題は、技術的に解決可能なものばかりです。

　一方、原発も、出力調整ができないので、電力消費の低下時に対応できません。さらに、夜間も同じ出力で発電するので、夜間電力はあまってしまいます。フル稼働し続けなければ採算のとれない原発よりも、いろんな再生可能エネルギーを組み合わせたほうがより効率的であることは、誰の目からも明らかでしょう。

96 新技術開発や投資を滞らせる原発

ドイツから PAR AVION

　再生可能エネルギーは、世界的にもっとも成長が見こまれる有望な産業だ。このブームに乗って、ドイツでは多くの企業が研究と開発に資金を投入した。今やこの分野においてドイツ企業は世界でもトップクラスの技術をもち、今後もさらなる成長が見こまれる。

　風力発電機、水力発電用タービン、バイオガス発電施設、ソーラーパネルは、世界中に輸出されている。2008年、世界中で新設された風力発電の3つに1つはドイツ製という具合だ。2009年にはリーマンショックの翌年だったにもかかわらず、ドイツの再生可能エネルギーへの投資は2割伸びて、180億ユーロ（2012年のレートで約1兆8000億円）になった。

　しかし、原発が稼働期間を延長すると、官民合わせての資金が原発に投入され、その分、再生可能エネルギーへの投資は不確かなものとなり、信頼性も落ちてしまう。そうなれば研究や開発の資金も滞るだろう。原発に再び関心が向けられると、環境への負担が少なく、輸出産業としても有望な再生エネルギー産業が、弱体化してしまうことになりかねない。

日本では…………？

　技術はあるのに、遅れてしまった日本の再生可能エネルギー産業。まだまだ推進する仕組みが滞っています（**94**、**100**参照）。また、原発立地市町村に多額の交付金や補助金が支払われ（**72**参照）、原発推進の研究者には寄付金や、研究費が支給されます。それに対して、再生可能エネルギー関連への補助金は微々たるものです。これでは、日本の再生可能エネルギー産業は発展しないでしょう。

　ところが驚いたことに、日本にも、大分県九重町や福島県柳津町など「100パーセント再生可能エネルギー」という自治体が50以上あるのです。余剰電力も生じていて、近隣の公的機関や企業に売電しているといいます。こうした成功例を手本にすれば、必然的に再生可能エネルギーでの発電量は増えていくでしょう。

　また、2012年2月、東京電力は企業向けの電気料金を17パーセント値上げす

る方針を打ち出しました。すると、多くの企業は東京電力以外の民間企業からの買電を検討し始めました。

　これは特定規模電気事業者（PPS）という、電力自由化のなかで生まれたものです。価格も東京電力などから買うより安くすむことが多いのです。ただし、残念なことに、これを利用できる範囲はまだ限定的で、50キロワット以上の契約量がなければ対象外です。東京電力は企業向けの値上げに続き、一般家庭向け料金でも値上げを発表しましたが、一般家庭ではPPSを利用することができません。

　電力の完全自由化や発電方法によって使用する電気の種類を選べるような仕組みをつくるためには、電力会社の独占状態を解消して発電と送電の会社を分ける「発送電分離」を行なう必要があります。再生可能エネルギーの進捗度合いとは異なりますが、アメリカ、イギリス、ドイツ、フランス、中国、韓国では、すでに発送電を分離しています。

　世界を見渡せば、再生可能エネルギーへシフトしている国がいくつも見られます。日本と同じ島国で活火山をもつニュージーランドもその1つで、再生可能エネルギーが発電量の72パーセントにも達しています。原発は1基もありません。特徴的なのは地熱発電で、そのシステムとメンテナンスの多くは日本の企業が担っているそうです。じつは、地熱発電システムにおいて、日本は世界のシェアの7割を占めるという実力があるのです。

　ところが、自国ではなかなか進んでいません。コストが高いことや自然保護からの反対、温泉源周辺の掘削をすることで温泉の質や量に変化が生じるのではないかという心配による観光業者の反対もあります。そして、既存の電力会社の意向もあります。再生可能エネルギーは原発とちがって、小規模分散型の発電ができるので、電力会社は独占崩壊を危惧しているのです。

　今まで再生可能エネルギーは疎外されてきましたが、それでも福島第一原発事故後は、これまでになく注目されています。そうした動きをさらに大きなものにしていきたいものです。

　事故を起こした日本が、今後どのようなエネルギー政策をとるのか、世界中が見ています。

97 エネルギー源としてとくに優秀でない原子力

ドイツから PAR AVION

世界には438基の原子炉があるが、その発電量は世界のエネルギー需要のたったの2パーセントを満たすにすぎない。ばかばかしいほどの少なさだ。これを10パーセント台にまで引き上げようとすれば、1600基の原子炉をさらに新設しなければならない。

しかし、もしそうすれば天然ウランは約10年で枯渇する。こんなばかげたことをしたところで、最終的には別の選択肢を探すことになるだけだ。それなら最初から再生可能エネルギーを選べばいいのだ。

日本では………？

ドイツの原発は、福島第一原発事故が起こる前は17基で、発電量のうち原発が占める割合は約23パーセントでした。それが福島第一原発での事故を受けて7基の原発を停止し、17.7パーセントまで割合がダウン。一方、再生可能エネルギーは約20パーセントで原発を上回りました。

日本の場合は、54基の原発の発電量は総量の約29パーセントでした（2009年実績。稼働できる水力発電所、火力発電所を止めて算出した割合）。にもかかわらず、原発に関する開発や立地にともなう財政支出額は、ほかの発電に比べ、ずば抜けて多くなっています。

建設中の原発も含めて、今まで、原発の建設にかかった費用は、1995年以降で約14.5兆円[*1]。さらに原発建設以外の原子力関係の国費投入額は16兆円[*2]にものぼります。再処理費用・廃炉コストなどの"バックエンド費用"も、今までにかかった費用と、今後かかると思われる費用を合わせると、総額18.8兆円にのぼるといわれています。

1995年以降の原発への財政支出額は、しめて56.5兆円です。すべて私たちの税金と電気料金から支払われています。

しかも、それだけのお金をつぎこんでも、「もんじゅ」や六ヶ所再処理工場は

[*1、2] いずれも2011年7月27日経済産業委員会答弁より

第9章　エネルギー革命と未来

使いものにならないうえ、高レベル放射性廃棄物の安全な処理方法の見通しもたたず、国民の税金をむだに食うお荷物になっています。

それだけの資金を、最初から再生可能エネルギーに回していたら、と考えざるをえません。

2012年4月、日本では福島第一原発の4基を廃炉にすることが決まりました。そのほかの原発は定期点検によってすべての原発が止まっています（2012年5月現在）。しかし、停電することもなく、産業活動も通常のままです。

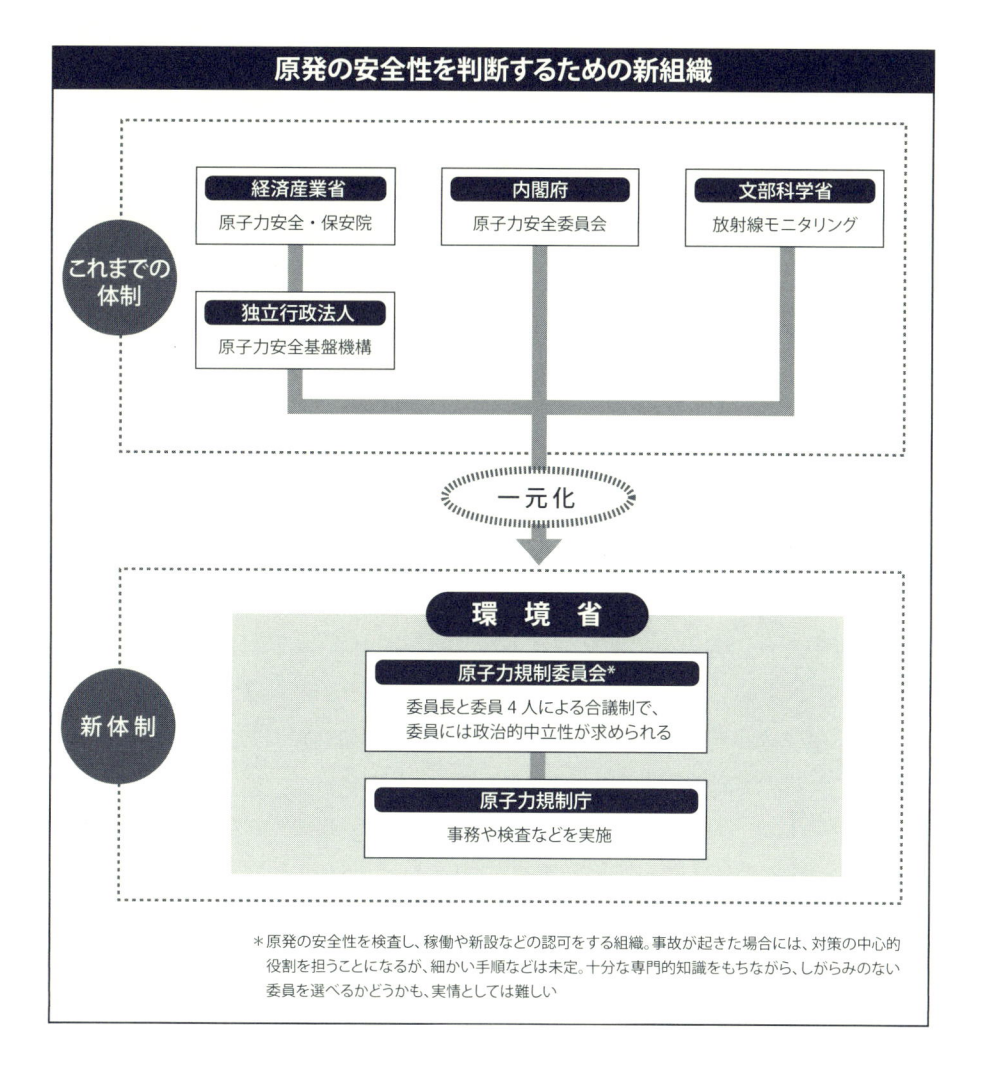

原発の安全性を判断するための新組織

これまでの体制
- 経済産業省　原子力安全・保安院
- 内閣府　原子力安全委員会
- 文部科学省　放射線モニタリング
- 独立行政法人　原子力安全基盤機構

↓ 一元化

新体制
- 環境省
  - 原子力規制委員会＊
    委員長と委員4人による合議制で、委員には政治的中立性が求められる
  - 原子力規制庁
    事務や検査などを実施

＊原発の安全性を検査し、稼働や新設などの認可をする組織。事故が起きた場合には、対策の中心的役割を担うことになるが、細かい手順などは未定。十分な専門的知識をもちながら、しがらみのない委員を選べるかどうかも、実情としては難しい

98 世界的に見て原発は消えつつある

ドイツから PAR AVION

　ヨーロッパ46か国中、原発を動かしているのは18か国だけ。そのうちの2か国では、現在も新たな原子炉が建設されている。EU加盟27か国のなかでは、原子炉の数も、原発が発電する電力量も、ともに減りつつある。

　世界に目をやれば、過去10年間で新たに送電線に接続された原子炉は、35基（総出力26ギガワット＝2600万キロワット）である。

　また、現在稼働中の世界438基の原子炉のうち、348基（総出力293ギガワット＝2億9300万キロワット）が20年以上も使われているのだ。近い将来、廃炉の手続きをしなくてはならず、原発がエネルギー需要を担う割合は必然的に減っていくことになる。これらの原子炉を次々に新規のものと入れ替えるとすると、2030年まで18.5日ごとに、送電線を新たに付け替えなければならない。そんなことが現実的に可能なのだろうか。

日本では………？

　信じがたいことに、日本では福島第一原発事故が起きた後でも、新規の原発を3基建設中です。建設中の原発3基とは、電源開発の大間原発1号機（進捗度37.6パーセント）[*1]、中国電力の島根3号機（進捗度93.6パーセント）、そして福島第一原発で大事故をひき起こした東京電力も、東通原発1号機（進捗度10.0パーセント）の建設をあきらめていません。

　建設中の1つ、大間原発1号機では、「あさこはうす」という一軒のログハウスが、建設を阻む砦になっています。大間原発の炉心からわずか300メートルの距離に「あさこはうす」は建っています。つまり、原発敷地のど真ん中に位置しながら、原発に反対していた熊谷あさ子さんは土地を売らなかったのです。土地の所有権を放棄するよう電源開発が提訴すると、あさ子さんは原発工事差し止め

[*1] 原子力安全委員会の「立地審査の指針」では、「原子炉の周囲は、原子炉からある距離の範囲内は非居住区域であること」となっている。そのため、敷地内に住民がいる大間原発は、現在、違法状態となっている

第9章　エネルギー革命と未来

を求めて逆に提訴しました。2006年にあさ子さんが亡くなった後も、娘の小笠原厚子さんが、この土地を守り続けています。

「あさこはうす」は有刺鉄線で囲まれていますが、唯一、国道からの小道が通じています。しかし、その小道を、「人の出入りが少ない」という理由で、電源開発は閉鎖しようとしています。今、この道が閉鎖されないよう、「あさこはうす」に手紙やはがきを送る運動が展開されています。「郵便物があれば配達の人が出入りし、ここに人の暮らしがあることを示せる」からです*2。

　この大間原発1号機では、六ヶ所村の再処理工場でリサイクルされた、より危険なMOX燃料を使う予定です。その六ヶ所村では、再処理工場の反対運動に一人の主婦が反対の声を上げています。青森県の菊川慶子さんは、再処理工場ができると故郷が放射能で汚されると、核施設に頼らない村づくりのモデルを示すために村内で「花とハーブの里」を運営し、暮らしのなかから反対運動を展開しています。

　また、山口県上関町の上関原発立地予定地では、4キロメートルの沖合に、人口たった500人の小さな離島、祝島があります。祝島の島民は、「私たちを育ててくれた海を汚すわけにはいかない」と、29年間、一貫して原発建設計画に反対してきました。中国電力の埋め立て海域に設置するブイの移送作業の時は、祝島の漁船が海上阻止。毎週行なわれる島民の反対デモは、お年寄り中心の、のんびりした練り歩きです。それでも、ハチマキには「絶対反対」の文字。ここも、着工が止まっています。島人たちは海で海藻や魚をとり、山で果実などを育てています。かけがえのない海と山から生活の糧を得ることは、命と未来を脅かす原発に反対の意思表示を示すものです。そして同時に、原発に頼る画一的な生活を拒んで、多様な生き方を示すものです。

　日本でも、市民の意思で原発建設を止めた例がいくつもあります。石川県・珠洲原発、三重県・芦浜原発、新潟県・巻原発、高知県・窪川原発は、すべてが長期にわたる粘り強い市民の反対運動の結果、建設をくいとめました。

---

*2　「あさこはうす」に手紙を送る行動の詳細は、http://onodekita.sblo.jp/article/52201652.html

99 雇用創出のじゃまとなる脱原発の先延ばし

ドイツから

再生可能エネルギーを促進することは、多くの雇用を創出することになる。ドイツでは、ここ数年で将来性のある雇用が30万人分以上も生み出された。そのうち5万人は、一昨年からの経済危機にもかかわらず、この2年で雇用されたものだ。それに対し、原子力産業では3万5000人が雇用されただけにとどまっている。

経済予測によれば、今後も自然エネルギー政策が優先的に推し進められれば、2020年までにさらに20万人の職場がつくられるという。

脱原発の期限を先延ばしにしたり、原発に依存したりすることは、エネルギー革命に水を差し、多くの雇用を失うことになる。

日本では………？

日本では、2002年、「電気事業者による新エネルギー等の利用に関する特別措置法」によって再生可能エネルギーの買い取りが決まったとき、多くの自然エネルギー事業が起業されました。けれども、この法律では、電力会社による電力の買い取り枠が決められていたため、それが壁となって再生可能エネルギーで電力を生み出しても、すべてを買い取ってもらえなかったのです。

それは逆にいえば、生み出した電気を全量買い取る制度であれば、参入する企業はもっとあったはずだということです。つまりは、雇用創出の場にもなったのです。そのチャンスを、原発推進を優先するあまりに失ってしまいました（2012年7月から再生可能エネルギーによる電力は全量買い取りとなった）。

東日本大震災によって判明したのは、一極集中型の大型プラントでは、いったんトラブルが生じた場合、復旧に時間がかかるということです。まして福島第一原発は復旧どころかコントロール不能に陥りました。放射能汚染によって命が脅かされ、現場に近寄ることすらできません。

地域ごとの分散型で小規模プラントなら、あらかじめネットワークをつくって

おくことで、災害時にも小回りの利く対応が可能です。損傷のない発電所からサポートを受けたり、電力を融通してもらうこともでき、災害時にも強い備えのあるエネルギー体制となります。太陽光、風力、小規模水力、地熱、バイオマスなどを複合的に組み合わせたものならば、リスクを分散できるからです。

　また、日本では、東芝、日立、三菱重工などの原発プラントの重工業の大手やその子会社が、風力発電機やソーラーパネルをつくっていますが、デンマークなどでは、地域の農機具会社が風力発電機をつくるなどの例が少なくありません。エネルギー創出に、地域の特性を生かした中小企業の参入が進めば、雇用の安定や地域社会の活性化にもプラスになります。

　国のエネルギー政策を再生可能エネルギーにシフトすることは、エネルギーの自給率を向上させます。現在、日本が陥っている閉塞感を打破する方策も、ここから見出すことができるかもしれません。

100 エネルギー革命の障壁となる原発

ドイツから PAR AVION

　原子力はエネルギー供給を再編しようとする努力を、台無しにしている。原子力は投資資本とタイアップし、送電線を独占し、再生可能エネルギーの小規模分散化を阻んでしまう。結局のところ、原子力によって大企業は巨額の利益を生み出し、社会や経済に影響力をふるってきたが、まさにこれらの大企業が何十年にもわたり、再生可能エネルギーと省エネの発展を阻害してきたのだ。

日本では………？

　日本では、割安な夜間電力を利用した給湯設備「エコキュート」などで知られるオール電化が推奨されてきました。原発から生まれる夜間の余剰電力を使わせるために、本来は必要のない需要を莫大な宣伝費をかけて推進してきたのです。

　シェーナウの人びとは「シェーナウ電力会社」ができる前、誰もが取り組みたくなるようなユニークな「節電キャンペーン」や「節電コンテスト」に力を注いできました。

　日本でも福島第一原発事故の後、たくさんの人が自分の生活を見直し、省エネ製品も注目されるようになりました。普段からなるべく電気に頼らない生活をすることの重要さに気づかされたのです。

　では電力の供給システムのほうは、事故後に変化はあったのでしょうか。残念なことにまだまだ目に見える取り組みはありません。もっと安全でむだのない電力をという市民のニーズに応えようと新規参入で電力会社をつくっても、送電網は従来の大手の電力会社が独占していて、新規事業者は高額な使用料を支払わなくてはならないのです。

　おまけに、30分ごとに供給電力量と需要量が一致していないと、「安定供給を乱す」という名目で、新規事業者はペナルティー料金を徴収されるというのです。

これでは新規事業者の参入は進みません(原発は出力調整ができないために夜間電力があまり、これまで送電量と消費量が一致しませんでした。これについてのペナルティーはないのでしょうか)。

　また、再生可能エネルギーだからと手放しで推進するのではなく、環境にできるだけ負担がないように、なるべく小規模なプラント、供給と需要の距離を短縮できるシステムを選ぶことが大切です。

　そのためには、環境アセスメントをきちんと行ない、選択肢のなかに「開発を何もしない場合」という項目も入れてほしいものです。前に進むことばかりではなく立ち止まって検証すること、さらには撤退する勇気も必要です。

　「電力がなかったら困る」という考えに凝り固まらずに、「電力が少ないのが前提」で、ものを考える訓練も、案外面白いかもしれません。そうした発想が、新しい産業を生む可能性もあるのです。

101 あなたはどう思いますか？

《ドイツ・シェーナウと日本版制作スタッフから》

　ほかにも私たちがまだ気づいていない、もっともっとたくさんの「原発に反対する理由」があることでしょう。そう考えて、私たちはこの101番目の項目をつくりました。

　これは、あなたのための番号です。難しい理屈はいりません。どうぞあなたの意見、想いを、ここに記してください。

Ihr Grund?

Ihr Grund?　はドイツ語で「あなたの理由は？」です

巻末付録

原発のない社会に向けて

小出裕章さんインタビュー
それぞれの場所で
それぞれの個性を生かして
原発を必要としない世界をつくる

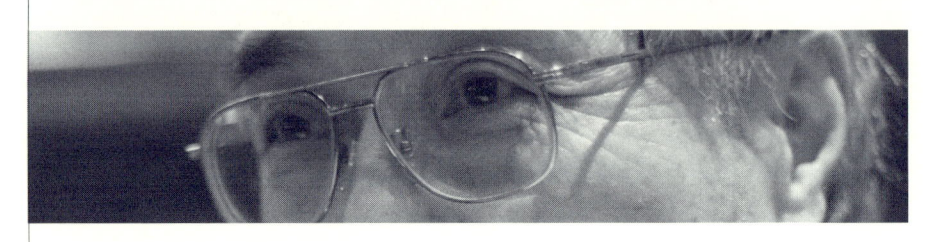

一貫して反原発の行動をしてこられた
京都大学の小出裕章さんに、
本書の刊行に合わせて話を聞きました。

　私は夢をもって原子力の世界に入ったのに、いつのまにか反対の立場になった人間です。1968年に、東北大学工学部原子核工学科に入りました。大学は仙台でしたが、ちょうどそのころ、東北電力が原発を建てる計画を発表しました。私にとっては歓迎すべきことだったわけですが、建てる場所は仙台ではありませんでした。
　仙台は、東北で指折りの都会でたくさんの電力も使うし、近くには仙台火力発電所もあったのですが、原発だけは女川という町につくるというのです。女川の人たちから、「原発は安全だというのなら、なぜ仙台に建てないんだ」という声が上がりました。そう問われたら、将来、原子力に携わろうという私は、それに答えられなければなりません。
　というのも、私が入学した1968年というのは、ちょうど大学闘争が始まった

年なのです。でも、私は原子力の勉強ばかりで、大学闘争には興味のない保守的な学生でした。ところが、翌年の1月、東大の安田講堂の攻防戦をたまたまテレビで観たのです。頭をがーんと殴られたような感じで、「こんなことがなぜ大学で起きているのか」と考え始めました。

大学闘争の目的を私なりに考えたら、それは「自分の学んでいる学問が、社会の中で具体的にどういう役割を果たすのか、その答えを出せ」というものでした。それなら「原子力は人びとの生きる場所で、どういう意味をもっているのか」と、悶々としたのです。

原子力への結論

そして、「なぜ仙台でなくて女川なのか」と答えを探しましたが、工学部原子核工学科というところは、原子力を進めるための場であって、教員は原子力のいい面しか教えない。むろん、納得できる答えは出てこないのです。

一方、ちょうど当時は、アメリカで原子力の抱える問題が次々に明らかにされていた時代でもありました。

「憂慮する科学者同盟」というようなグループが、原子力の問題を精力的に取り上げていたし、福島第一原発でも導入されている沸騰水型原子炉をつくった米国ゼネラル・エレクトリック社（GE）の設計者たちが、自分の設計した原子炉が欠陥だといってGEを退職するというようなことが起きていたころでした。

そういう情報を受け取りながら、私なりにたどり着いた結論は、「原発は都会で引き受けることのできない危険を抱えている代物」ということでした。それを知ってしまったら、もうとるべき道は1つしかない。「原子力を止めさせよう」ということでした。専門課程の3年生の秋には、すでに決定的でした。

そこから40年間も反対してきました。

その理由はいくつもあるわけですが、その1つには、今回のような事故を起こさせないということも大きな理由だったわけです。

ところが、実際に事故は起きてしまいました。こんなことが起きないように、

人生をかけてやってきたつもりだったけれども、事故は起きてしまった。私の人生そのものをまるごと否定されたということです。

福島の事故の後には、同じ原子力の研究者から、「お前、勝ったと思っているだろう」といってくる人もいましたが、「冗談をいわないでくれ」という心境です。今回の事故は、私にとって大きな敗北です。今は正直、どうしていいかわからないという気持ちなのです。

放射能下でどう生きるか

それでも、私には特別の責任があると自覚しています。

今回のような事故は、もちろん原子力を進めてきた人たちの責任です。政治家、東京電力の会長、社長、原子力を推進してきたほかの電力会社の人たちにとりわけ重い責任があるだろうし、原発は安全だとお墨付きを与えてきた裁判所だって責任がある。原発推進の旗振り役の学者だって、猛烈な責任がある。私はそういう人はただちに刑務所に入っていただきたいといっています。

じゃあ、私にはどういう責任があるのかといえば、私は原子力の旗は振りませんでしたけれども、原子力の場にいたのです。だから普通の皆さんとはちがう責任が私にはあるはずで、原子力の世界にいたということだけで犯罪者の一人です。

ならば、償いをしなくてはなりません。原子力の専門家として、せめて子どもを守るために、なにがしかのことはできるのではないかと思うのです。

こんなふうにも考えます。何十年か前に、日本でも戦争がありました。国家が戦争をするといって、軍があり、特高を含めた警察があり、戦争を推進しました。なかには抵抗した人もいたけれど、その人は殺されたり監獄に入れられたりして、その家族は村八分にされました。

けれども、日本人のほとんどは戦争に協力したわけです。それが戦争に負けてしまったら、一挙に民主主義だ、アメリカは素晴らしい、とコロリと変わった……。私は、そんな戦時中を生きた日本人たちに、自分の両親も含めて「戦争中にどうやって生きたのか」と一人ひとり問いたいのです。

翻ってみれば、今度は私が子どもたちに問われる番です。「あの時、お前はどうやって生きていたのか」と。

私は、「あまりにも力が足りず、国家の暴走を止めることができなかった」と答えるしかありません。でも同時に「黙っていたわけではなかった」のだと、いいたいと思うのです。

それに、こんなにひどいことが起きているのに、まだ日本人は気づいていないのですよ。政治家も経済界も、まだ原発を再稼働するという。そうしないと経済が成り立たないと、いまだにいっているのです。政府は原発事故の収束宣言を出しましたが、とんでもない話です。いまだ放射性物質は放出され続けているし、再び地震が来て、さらに大きな被害におよぶかもしれない。

また、本来なら原子力の専門家だけが出入りする「放射能管理区域」に指定されるような高い放射線量の地域が、福島を中心に2万平方キロメートルも広がっているのです。

本当なら、その地域の人たち全員を避難させなければいけない。国がお金を出して避難させなくてはいけないのを、「そんなことできない」と判断したわけです。危険地帯に暮らす人たちを犠牲にしたまま、逃げてしまおうというのです。

私は電力会社も一企業なのだから、そこの経営者であるかぎり、「ちゃんとした経営感覚をもてよ」と思います。今度のような事故を起こしたら、日本が倒産したってあがないきれないような被害が出るのです。経営者ならちゃんとそこを考えろと思うけれども、彼らは自分さえ痛まなければそれでいいと思っている。

子どもたちを守るためには

今、私がさんざん皆さんから怒られていることの1つに、瓦礫の問題があります。国が瓦礫処理でやろうとしているのは、「普通の焼却施設で燃やせ」ということと、「焼却灰は各自治体で埋めろ」ということですが、それはどちらも正しくない。

放射能を取り扱うときの原則は、とにかく、その場で放射能をコンパクトに閉

じこめるということです。全国にばらまくなんてことは、もちろんやってはいけないし、まして普通の焼却施設で焼けば汚染を広げるだけです。しかも、出てきた焼却灰を普通のゴミといっしょにして埋めるなんてこともやってはいけない。だから、私は国の方針には反対です。

　私の目的は何かといえば、子どもたちを被ばくから守るということです。私がいう子どもとは東京の子どもも含まれているし、大阪の子どもも含まれています。福島、宮城、岩手という汚染地の子どもも含んでいます。どこの子どもであっても、みんな守りたいのです。

　先ほどもいいましたが、本当なら汚染地の子どもたちは避難させるべきです。それが一番いいのですが、この日本という国は、それをしないと決めました。そして、そこには汚染源の瓦礫が残されているのです。

瓦礫処理の２つの条件

　放射能というのは、山に降り積もっているものは山から降りてくるわけだし、瓦礫が野ざらしになっていたら、それが風で舞い上がってほかに移動してしまいます。汚染地の子どもたちは瓦礫がそこにあるために、すでに日常的に被ばくをしています。ですから瓦礫は、一刻も早くなんとかしなければいけない。

　そこで、私が即刻やらなくてはいけないといっていることは、それぞれの汚染地に放射能の取り扱いを考えた専用の焼却施設をつくって、そこで焼くことですが、この日本という国はそれすらやろうとしない。

　私は子どもたちを避難させたい。それを国はやらない。汚染地に専用の焼却施設をつくりたい、それもやらない……。それなら仕方がないから、私は全国で引き受けるしかないといったわけです。

　ただし、その場合、２つの条件をつけています。１つは普通の焼却施設で焼いてはいけないということ。放射能を閉じこめるためのフィルターなどの設備をつけた焼却施設を使い、そのフィルターが放射能を捕捉できることを現場で確認しないことには受け入れてはいけないということです。また、焼却灰は放射能が濃

縮されているので、それは東京電力に返せといっています。私はこの２つの条件を満たしたうえで、初めて瓦礫を受け入れてもいいといっているのです。

　全国の各自治体で、この２つの条件を勝ち取るような運動をして、子どもたちの被ばくをできるだけ少なくする対策を講じてほしいのです。

責任を問われない原子力

　むろん、もう原発はやめなければなりません。原発よりはるかに危険で、お金もかかり、プルトニウムを得るだけが目的の再処理工場や高速増殖炉はもちろんです。原爆をつくりたいという一心で、そんな破滅的なことを、なぜいまだに推進しようとしているのか、私にはわかりません。まともな神経だったら、そんな選択はしないでしょう。

　ところが、この国の政治の中枢や経済界の中心には、そうした選択をする人たちばかりがいるのです。金儲けをするということが至上の価値観になっている人たち……。経済界のトップには、電力会社や日立、東芝、三菱など巨大な原子力産業にかかわる連中が君臨してきました。

　しかし、彼らは今回しくじったわけですから、徹底的に責任をとらせなければならない、彼ら全員を刑務所に入れなければいけないと私は思っています。しかし、いまだに誰一人として責任をとらないし、責任をとらなくてすむ構造があるから、まだ原子力だなんていっているのです。

　あれだけの事故が起きれば刑事責任を問われるのが普通なのに、原子力の世界では過去にもたくさんの事故がありましたが、どんな事故が起きても誰一人として責任をとったことがありません。

エネルギー消費の発想こそを転換すべき

　最近は、さかんに再生可能エネルギー（自然エネルギー）の必要性が議論されていますが、私は、まずは原発と決別することが先決だと思います。

原発を今すぐやめても何も困りません。発電所は山ほどあり、水力、火力で、電力供給はいついかなるときでも滞ることはない、十分足ります。膨大に火力発電所があまっているからです。

　でも火力発電所の燃料は石油、石炭、天然ガスで、もちろん有限です。ウランはもっと少ないから、すぐになくなるのですが、石油などもやがてはなくなります。そうすると、結局は自然エネルギーにすがるしかないわけで、選択肢はもはや明白です。

　ただし、単に発電の方法を転換するだけではなく、今のようにエネルギーを大量に使うという発想を、まず変えていかなければいけないのです。

　原子力がダメ、火力がダメだから、自然エネルギーにすればそれでいいという考え方、そういう議論に、私は乗りたくありません。

　エネルギーを使わないでも豊かに生きられる社会構造をつくるということが一番大切なのです。たかが電気なのに、みんなどっぷりと漬かってしまっている。人間だって生き物のなかの1つなのだから、人間だけが地球を自由にできるというわけはなく、自然をもっと大切にして、自然に溶けこむように生きなければならないのです。

　また、電力消費を減らすためには、個人よりも企業の消費が断然多いのですから、産業構造を変える必要もあります。都市ももっとエネルギーを使わなくてもよい形に転換していく必要もあります。

　つまり、根本からやり直さなくてはいけないのです。ものすごく長い時間がかかることだと思いますが、でも不可能ではないと思います。

それぞれの居場所で声を上げる

　それは単なる私の夢かもしれません。でも、それをやらなければ、この日本という国にしても、人類という生き物にしても、生き延びることができないのです。だから、いずれにしてもやらなくてはいけない。それはわかっていることで、人類がこの地球で生き延びる唯一の方法なのです。

「どうやったら原発を止めることができるのでしょう」とよく聞かれますが、私は「原子力なんてやっちゃいけない」と40年もいってきているのに、やめさせることができないで、ここまできたわけです。

だから、「どうしたらよいのか」とか、「本当に止められるのか」と皆さんからたずねられても、私は「わからない」としか答えることができません。

不幸にも事故が起こってしまいましたが、私は原子力の世界にいる者として抵抗を続けるしかありません。皆さんは皆さんの居場所があるわけで、それぞれの場所でやっていただくしかしようがないと思うのです。

こうした本づくりも、その1つだと思います。誰にいわれたわけでもなく自らすでに始めているのです。

ですから、それぞれの人たちがそれぞれの個性を発揮して、声を上げてほしい。原発を必要としない社会をつくり上げてほしい。それが心からの私の願いです。

(談)

取材・構成　山﨑弥生実

小出裕章

京都大学原子炉実験所原子力基礎工学研究部門助教。1949年東京生まれ。1968年、東北大学入学。1970年、女川原発に反対する集会に参加し「反原発」を決意。1974年に京大原子炉実験所に入所後も、裁判や講演などを通じて原発の危険性を告発し続けてきた。志を同じくする京大原子炉実験所の仲間たちは「熊取6人組」という異名で知られている。3.11以後も、「信頼される研究者」として、その発言が注目されている。著書は『騙されたあなたにも責任がある　脱原発の真実』『原発と憲法9条』『原発・放射能　子どもが危ない』など多数。

2012年3月 都内にて　撮影／落合由利子

原発の真実をもっと知りたい人のために
西尾 漠さんお薦めの原発本

本書を読まれた方は、原発についてもっと知りたいと思ったかもしれません。そんな方のために、本書の監修者である西尾漠さんに、原発について、さらに知識を深められる7冊の本を選んでもらいました。

原発事故はなぜくりかえすのか
高木仁三郎
岩波書店　700円＋税

原発に警鐘を鳴らし、多くの後進を育てた市民科学者が、闘病のなか遺したメッセージ。「原子力は、無思想のまま批判を排除することが事故を生む」という言葉が的中してしまいました。原発を必要とする社会のあり方も問いかけます。

原発のコスト　エネルギー転換への視点
大島堅一
岩波書店　760円＋税

原発が林立する福井県生まれの著者が、「原発はほかの発電より低コスト」という「定説」に斬りこんだ本。経済と環境という異なる分野をつなげた視点から、原発の合理性に疑問を投げかけ、脱原発への道筋も示しています。

原発のない世界へ
小出裕章
筑摩書房　1000円＋税

福島で原発事故が起こってしまった今、絶望のなかでも最善の方法を探したいという思いに応えるような本。原子力ムラという大きな力に抗って、一貫して反原発を掲げてきた科学者の憤りがひしひしと伝わってきます。

日本の原発危険地帯
鎌田 慧
青志社　1000円＋税

日本各地の原発のある地域を丹念に取材したルポ『日本の原発地帯』（2006年刊）に、福島事故の直後に加筆したものです。原発を受け入れざるをえなかった地域では何が起きていたのか、それを知る手がかりになります。

母と子のための被ばく知識
原発事故から食品汚染まで
崎山比早子＋高木学校
新水社　1300円＋税

放射性物質のなかで暮らすことを余儀なくされる今、外部被ばくと内部被ばく、食品への汚染の移行など、被ばくのメカニズム、影響をわかりやすく解説。被ばくから身を守る対処法なども具体的にアドバイスしています。

破綻したプルトニウム利用　　政策転換への提言
原子力資料情報室＋原水禁　編著
緑風出版　1700円＋税

核燃料サイクルから撤退する世界的潮流のなかで、なぜ日本だけがこだわるのでしょう。使用済み核燃料の再処理や高速増殖炉もんじゅの問題点を解説し、危険性やむだについて科学的に分析。国に政策転換をせまる本です。

新版 原発を考える50話
西尾 漠
岩波書店　800円＋税

原発労働や放射性廃棄物の処理、電気を浪費させるシステムや将来の脱原発まで、原発にまつわる問題点を多様な視点からあぶり出します。深い内容にもかかわらず、中高生向けにわかりやすく書かれています。

シェーナウ電力会社（EWS）をもう少し知るために

市民がつくった電力会社、シェーナウ電力会社（EWS）。その道のりは、どんなものだったのでしょう。シェーナウの歩みを簡単に紹介します。

シェーナウ電力会社（EWS）の歩み

1986年4月　チェルノブイリ原子力発電所事故が起こり、事故後まもなくシェーナウの住民有志が、「原発のない未来のための親の会」を発足させる。

1990年8月　大手電力会社ラインフェルデン電力会社（KWR）がシェーナウのまちの議会に対し、4年後の契約切れを待たずに、「次の20年間の契約を更新するならば約500万円をまちに寄付する」と提案。これに対して、住民グループは数週間で約500万円を用意した。

1991年7月　ところが、議会にてKWRとの契約更新が可決。住民グループ支持派が決議を無効とするための住民投票を要求した。

1991年10月27日　住民投票にて住民グループが勝利。

1992年5月　「シェーナウ・環境にやさしい電力供給のための支援団体」設立。全国の支援者に情報発信し、各地で電力セミナーを開催する。ジーエルエス協同銀行がシェーナウの電力網買い取りプロジェクトを支援するため1億円以上のファンドを設立。「電力網を買収する会」の資金と合わせて約2億円を集めることに成功。

1994年1月　シェーナウ電力会社（Elektrizitäts Werke Schönau＝EWS）協同組合を設立。

1995年11月20日　議会での決議にて、EWSの電力供給契約が認可される。対して、KWR支持派は住民投票を要求。

1996年3月　住民投票にて再び住民グループが勝利。KWRはEWSの電力網買い取りに対し約4億3500万円を要求するが、EWSは、国内外からの寄付によって資金の不足分を調達した。

1997年7月　シェーナウのまちへ電力供給開始。

1998年4月　ドイツの電力市場が自由化される。

☀現在のシェーナウ電力会社（EWS）

　　従業員：70人　　顧客数：約13万戸
　　電力供給源：100パーセント再生可能エネルギー
　　　　　　（内訳は、水力：95パーセント、コージェネレーション：5パーセント）
　　ホームページhttp://www.ews-schoenau.de/ews.html

シェーナウ電力会社（EWS）の軌跡を描いたDVD「シェーナウの想い」
60分のこの映像作品は、前半の20分ほどをYou Tubeで観ることができます。
全編を観るには、「自然エネルギー社会をめざすネットワーク」のホームページで上映会スケジュールを参照ください。また、上映会は少人数でも開催することができます。貸し出しは無料です。お問い合わせください。http://www.geocities.jp/naturalenergysociety/index.html

日本版制作委員会メンバーから
［おわりに］にかえて

　この本を読むと、原発のダメさはドイツでも日本でも同じということがよくわかる。1つだけちがうのは、ドイツではとっくに発送電が自由化されていて電力会社の儲けは電力市場次第なのに対し、日本はレートベース方式をとっていて原発のように巨額の設備投資をすればするほど電力会社が儲かる仕組みになっていること。ウラン燃料も使用済み核燃料もそこから抜き出したプルトニウムもその費用は全部「適正利潤」の分母になっていて、結局私たちの電気料金から徴収されている。かたや事故時の被害補償を定める原子力損害賠償法は抜け穴だらけ。原発は、国家規模、いや、世界規模で仕組まれた超大規模詐欺みたいなものだと思う。

（安部竜一郎）

　この企画にかかわったことで、一人ひとりの活動の力の偉大さを実感しました。知らないことだらけだった原発のこと。知れば知るほど、人間の欲望の怖さ、そして、知らされない国民、知ろうとしない習慣病の現代人であることの罪を思い知らされました。そしてドイツの主婦たちが独自の行動によって自然エネルギー電力会社をつくったことを、日本人の主婦たちにも知ってほしいと思いました。家族の命、未来を守ることは、まさに女性の役目なのだと感じました。この本が多くの人たち、とくに女性の心を動かすことになってほしいものです。

（石黒綾子）

原発災害で出現した悪夢は、想定をはるかに超えました。懲りない原子力ムラが繰り出す人災の数々。切り裂かれる市民の暮らし、絆……。ムラ人たちの罪深さに、日本中が日々、数えきれないため息をついてきました。そんななか、本書をささやかにお手伝いする機会に恵まれ、どんなに慰められ励まされたかしれません。あのドイツでさえ、ムラの城砦はまさに金 城 湯池、放射能ならぬ「隠ぺい・ねつ造」を閉じこめてきたとは。でも、さすがドイツです。ごく普通の市民が、原発由来の電気を断固拒否、自力で電力会社をつくった？　目からウロコが落ちました。今、日本でも続々と芽吹く市民電力運動。さあ、行動の時です。シェーナウに続きましょう！

——————————（加藤しをり）

　「原発をやめる理由は１つだけでも十分なのに100以上もある！」といったのは、この本の発起人。ホント、なのに一体、何がどうして原発を進めてきて、今も続けようとしているのでしょう。シェーナウの人たちの歩みと冊子は、こうしたことをどこかヘンだと感じながら、「だって電力は必要だし」「偉い先生が安全といっているし」と心の中の違和感や不安な気持ちを抑えないで、ヘンと思う感覚を大切にし、引き受けていく勇気をもたせてくれます。がんじがらめになって抜け出せなくなっている政治家や経済界の人たちにも、立ち止まって気づいてほしい、目を覚ましてほしい。だって、被害にあわれた方たちへの補償、そして廃炉と核廃棄物処理の道筋を立てて進めていく責任こそ重大なのですから。私たちができることも、まだまだたくさんあります。長い道のりは始まったばかり。

——————————（鈴木まり）

　ドイツのような市民力のある国では原発廃止など簡単なことなのだろうと思っていた。けれども原発をめぐるドイツの状況は日本と似ている部分が多いということをシェーナウ電力会社のおかげで知ることができた。本書の原発をやめる100の理由のどれをとっても「原発はいやだ」という思いは強くなるばかり。「ドイツでできたのだから、私たちにもできるはず！」といった希望の一冊になることを願いつつ。

——————————（田中明美）

「監修」という形で参加させていただきました。面白い企画だと思ったからです。自分で執筆していたら、かなり違った、ある意味で型どおりのものになっていたでしょう。そうでないからこそ、新鮮な発見がありました。知らない話が出てくると、その情報を使ってよいかどうか確認する作業が必要になります。とくにインターネットから拾い上げられた情報は玉石混淆ですので、まがいものでないかのチェックは入念に行なわなくてはなりません。知らなかったことばかりで、情報収集に抜けの多かったことを、楽しく思い知らされました。よい経験をさせていただいたと感謝しています。

——（西尾　漠）

　チェルノブイリ原発事故以来、原発に反対してきましたが、こんなに勉強したことはありませんでした。そして、１項目書くのでも恐ろしい内容なのに、それが100もあるなんて！　本書は市民が100項目にわたり、「原発はいらない」といい続けた記録でもあります。政治家や専門家におまかせしてきた結果が、この福島での原発事故です。私たちはもっと市民力をつける必要があると痛感しました。そういう意味でも、シェーナウの人びとからは「市民自治」の大切さも学びました。これから先、私たちがどういう電力を選び、どういうライフスタイルをつくっていけばいいのか——本書がそんなことを考えるきっかけになれば、うれしいです。

——（曳地トシ）

　現代社会は、多くのリスクが隠されている。便利さと引き換えに、より大きなリスクと隣り合わせに私たちは日々暮らしているのだ。化学物質、電磁波、遺伝子組み換え、そして放射能。最先端の技術が私たちの命と未来を脅かす。自由とはある意味、リスクを選ぶ自由といえる。リスクが隠されていたら、それは自由ではない。原子力は多くのリスクを隠したまま進められてきた。それは私たちから自由を奪うことだ。福島第一原発の事故では広範囲にわたり生存のための環境と人々の暮らし、命、未来が奪われた。原発は事故を起こさなくても、日々稼働するなかで憲法にうたわれた基本的人権、生存権を奪ってきた。リスクを知ることが自由を手にする前提であり、そのうえで基本的人権、生存権を守ることができる。この本はそのための第一歩だ。

——（曳地義治）

制御不可能なモノを、さも万物に必要不可欠かのように騙って莫大な利潤利権を生み出してきた近代史の先に今の社会がある。原子力の破壊的なエネルギーはその最たるもので、市場原理にとっても、国家にとっても、技術開発分野にとってもこんな魅惑的な対象はないのだろう。でも宇宙開闢以来、永い時間をかけて放射性物質が崩壊し、放射線量が少ない環境が整ったおかげで地球は生命あふれる奇跡の星となり、今の私たちが生きている。カエルも鳥も草木も、生きとし生けるたくさんの命が地球とともに世代をつないでいる。たしかに私たちは環境に悪いことばかりやって繁殖している種(しゅ)だけれど、さすがに生命の存在そのものを否定するモノをお手軽に安全とかいって、つくって捨てるのは絶対ヤバイ。原発が必要？　ありえない。このような素敵な本のあとがきで、こんなことをいえる幸せ。感謝。

——（矢野眞理）

　この本づくりを進めていくうちに、原発の問題があらゆることにつながっていることに、気づかされました。だから原発は賛成反対を超えた、人類の大きな宿題です。ここまで放置してしまったことを、電力を享受することのない社会の人びとに謝りたいし、動植物にも謝らなくてはなりません。原発と原発を生んだ社会の問題は、専門家の知識より、市民が自然とともに生きている実感から解決すべきだと痛感しました。この本づくりでは、とらえがたい大きな課題を、普通の市民が自分のこととして考える訓練になったとも思います。その点でも、シェーナウの人たちに「ありがとう」といいたいです。

——（山﨑弥生実）

　今、この小さな列島に50基もの原発がある。この本を手に、原発すべてを廃炉にしたい。この本には原発を止める理由が100書かれている。私は本づくりに紛れこんだビジネスマンですが、忘れていた想いが甦りました。「生きているあいだに原発全部を止めたい」

——（吉永瑞能）

日本版制作委員会メンバー
[渉外・執筆] 曳地トシ　[執筆] 石黒綾子　鈴木まり　曳地義治　矢野眞理　[編集・執筆] 山﨑弥生実
[デザイン] 田中明美　[編集協力] 安部竜一郎　加藤しをり　吉永瑞能

謝辞　Danke schön

　本書の制作にあたっては、多くの方々のお力添えがありました。

　まずは、「原子力に反対する100個の十分な理由」の日本語訳サイトを紹介してくださったオルタナ編集部の森摂さん。シェーナウとの出会いの始まりでした。

　シェーナウのドキュメンタリー「シェーナウの想い」のDVDの上映会活動を進めている及川斉志さんには、巻頭のウルズラさんからのメッセージの翻訳をはじめ、さまざまなサポートをいただきました。

　本書の「ドイツから」の部分の内容照合をしてくださったのは、田口里穂さん、野口みどりさんです。

　また、ウラン鉱山の問題については、京都精華大学教授の細川弘明さんに、ドイツの電気料金の体系については、田口信子さんにアドバイスをいただきました。

　小出裕章さんの取材では、写真家の落合由利子さんが快く撮影協力をしてくださいました。

　シェーナウ電力会社（EWS）とのやり取りは、吉永順子さんが引き受けてくださいました。

　時間も予算も少ないなかで、素敵なイラストを描いてくださったのは、長谷川貴子さんです。

　原発については素人の私たち。勇んで本づくりを始めたものの、実際はいささか荷が重いものでした。それでも、これまで反原発の立場で粘り強く行動を続けてこられた方々や、福島の事故以来、全国で声を上げた皆さんに共感し、励まされました。

　そして、原発事故の直接の被害を受けられた方々の声にも、大きな後押しをいただいたことは間違いありません。

　皆さんに、御礼申し上げます。皆さんの存在なしには、この本は生まれませんでした。どうも、ありがとうございました。

日本版制作委員会メンバー一同より

監修者
西尾　漠　（にしお ばく）

1947年、東京生まれ。NPO法人・原子力資料情報室共同代表。「はんげんぱつ新聞」編集長。40年近く原発問題にかかわる。海外で「日本最大の反核団体」と称される原子力資料情報室は、資料収集、調査研究を行ない『原子力市民年鑑』刊行などとともに、講演や国際会議などで市民活動のための情報を提供している。福島の事故直後には、Ustream中継を行ない、刻々と変わる状況を解説し続けた。個人としての著書も多い。主な著書に、『原発は地球にやさしいか』『なぜ脱原発なのか？』『どうする？　放射能ゴミ』『原発を考える50話』『エネルギーと環境の話をしよう』などがある。

原発をやめる100の理由
―エコ電力で起業したドイツ・シェーナウ村と私たち―

2012年9月20日　初版発行
2013年2月25日　3刷発行

著者　　「原発をやめる100の理由」日本版制作委員会
発行者　　土井二郎
発行所　　築地書館株式会社
　　　　　〒104-0045
　　　　　東京都中央区築地7-4-4-201
　　　　　☎03-3542-3731　FAX 03-3541-5799
　　　　　http://www.tsukiji-shokan.co.jp/
　　　　　振替00110-5-19057

印刷・製本　　シナノ印刷株式会社
装丁・本文デザイン　　田中明美
カバー・本文イラスト　　長谷川貴子

ⓒ2012 Printed in Japan　ISBN978-4-8067-1448-4

・本書の複写にかかる複製、上映、譲渡、公衆送信(送信可能化を含む)
　の各権利は築地書館株式会社が管理の委託を受けています。
　JCOPY 〈(社)出版者著作権管理機構 委託出版物〉
　本書の無断複写は著作権法上での例外を除き禁じられています。複写
　される場合は、そのつど事前に、(社)出版者著作権管理機構
　(TEL03-3513-6969、FAX03-3513-6979、e-mail: info@jcopy.or.jp)の
　許諾を得てください。

築地書館の本

アトミック・エイジ
地球被曝はじまりの半世紀

豊崎博光 [著]
2000 円＋税

アメリカ、旧ソ連、ヨーロッパ、太平洋の島じま……
「核サイクル」のすべての過程で被曝し、
死んでいった世界の被曝者たちを、
117 枚の写真と文で追った衝撃のフォト・ドキュメント。
著者の 17 年にわたる取材の結晶。

「防災大国」キューバに世界が注目するわけ

中村八郎＋吉田太郎 [著]
2400 円＋税

人間と暮らしを重視し、
分散型自然再生エネルギー社会へとシフトする
「防災力のある社会」づくりの秘密を解き明かす。
リスクをしなやかに受け止め、
災害を受けるたびに防災とエネルギー政策を
改善することで立ち向かっていく。
この貧しく小さな国には、
3.11 以降の日本が参考とすべき
「災害と共生する文化」の智恵が眠っている。

価格・刷数は 2013 年 2 月現在

築地書館の本

バイオマス本当の話
持続可能な社会に向けて

泊みゆき ［著］
1800円＋税

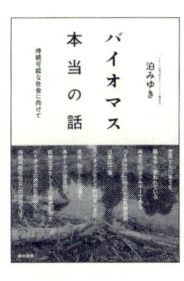

世界でも日本でも、最も多く使われている
再生可能エネルギーであるバイオマス
（生物由来の有機資源）。
日本は今後、バイオマスをどう利用すべきか──
長年、独立した立場で本テーマの調査研究、
政策提言をしてきた著者が示す、
バイオマスの適切な利用と
持続可能な社会への道筋とは？

緑のダム
森林・河川・水循環・防災

蔵治光一郎＋保屋野初子 ［編］
2600円＋税　◎3刷

台風のあいつぐ来襲で、
ますます注目される森林の保水力。
これまで情緒的に語られてきた「緑のダム」について、
第一線の研究者、ジャーナリスト、
行政担当者、住民などが、
あらゆる角度から森林（緑）のダム機能を論じた
日本で初めての本。
意見が対立する研究者たちの論考も同時に収載している。

価格・刷数は2013年2月現在

築地書館の本

土の文明史
ローマ帝国、マヤ文明を滅ぼし、米国、中国を衰退させる土の話

デイビッド・モントゴメリー ［著］ 片岡夏実 ［訳］
2800円＋税　◎7刷

土が文明の寿命を決定する！
文明が衰退する原因は気候変動か、戦争か、疫病か？
古代文明から20世紀のアメリカまで、
土から歴史を見ることで
社会に大変動を引き起こす土と人類の関係を解き明かす。

よみがえれ里山・里地・里海
里山・里地の変化と保全活動

重松敏則＋JCVN（NPO法人日本環境保全ボランティアネットワーク）［編］
3600円＋税

これからの持続循環型社会、
生物多様な環境を維持するために
欠かすことのできない里山、里地、里海、川を
どのように保全し、利用すべきか。
日本の里山、里地の変化を詳しく追い、
今後の展望を切り拓く。
国際的連携を通しての保全活動の取り組み、
市民参加による保全活動の実践事例を数多く紹介。

価格・刷数は2013年2月現在

築地書館の本

雑草と楽しむ庭づくり
オーガニック・ガーデン・ハンドブック

ひきちガーデンサービス（曳地トシ＋曳地義治）［著］
2200円＋税　◎8刷

雑草との上手なつきあい方教えます！
無農薬・無化学肥料で庭をつくってきた
個人庭専門の植木屋さんが教える、
雑草を生やさない方法、庭での生かし方、
草取りの方法、便利な道具……。
庭でよく見る雑草86種を豊富なカラー写真で紹介。
オーガニック・ガーデナーのための
雑草マメ知識も満載。
雑草を知れば知るほど庭が楽しくなる。

虫といっしょに庭づくり
オーガニック・ガーデン・ハンドブック

ひきちガーデンサービス（曳地トシ＋曳地義治）［著］
2200円＋税　◎7刷

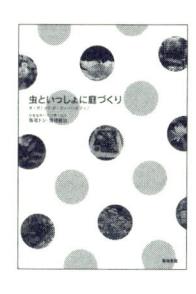

無農薬・無化学肥料で庭づくりをしてきた植木屋さんが、
長年の経験と観察をもとにあみだした
農薬を使わない"虫退治"のコツを
庭でよく見る145種の虫のカラー写真とともに解説。
無農薬で庭づくりをするには、
虫を知ることがいちばんの近道だ。
●どこに、なぜ発生するのか、何を食べているのか
●ほうっておいていい虫なのか
●庭にいてほしくない場合はどうしたらいいのか

価格・刷数は2013年2月現在